新兴产业和高新技术现状与前景研究丛书

总主编 金 碚 李京文

新材料技术
现状与应用前景

黄 金 张海燕 毛凌波 编著

XINCAILIAO JISHU
XIANZHUANG YU YINGYONG QIANJING

SPM
南方出版传媒
广东经济出版社
·广州·

图书在版编目（CIP）数据

新材料技术现状与应用前景／黄金，张海燕，毛凌波编著．—广州：广东经济出版社，2015.5

（新兴产业和高新技术现状与前景研究丛书）

ISBN 978－7－5454－3641－9

Ⅰ．①新⋯　Ⅱ．①黄⋯　②张⋯　③毛⋯　Ⅲ．①材料科学－研究　Ⅳ．①TB3

中国版本图书馆 CIP 数据核字（2014）第 246655 号

出版 发行	广东经济出版社（广州市环市东路水荫路 11 号 11～12 楼）
经销	全国新华书店
印刷	中山市国彩印刷有限公司 （中山市坦洲镇彩虹路 3 号第一层）
开本	730 毫米×1020 毫米　1/16
印张	10.25
字数	178 000 字
版次	2015 年 5 月第 1 版
印次	2015 年 5 月第 1 次
书号	ISBN 978－7－5454－3641－9
定价	26.00 元

总　序

　　人类数百万年的进化过程，主要依赖于自然条件和自然物质，直到五六千年之前，由人类所创造的物质产品和物质财富都非常有限。即使进入近数千年的"文明史"阶段，由于除了采掘和狩猎之外人类尚缺少创造物质产品和物质财富的手段，后来即使产生了以种植和驯养为主要方式的农业生产活动，但由于缺乏有效的技术手段，人类基本上没有将"无用"物质转变为"有用"物质的能力，而只能向自然界获取天然的对人类"有用"之物来维持低水平的生存。而在缺乏科学技术的条件下，自然界中对于人类"有用"的物质是非常稀少的。因此，据史学家们估算，直到人类进入工业化时代之前，几千年来全球年人均经济增长率最多只有 0.05%。只有到了 18 世纪从英国开始发生的工业革命，人类发展才如同插上了翅膀。此后，全球的人均产出（收入）增长率比工业化之前高 10 多倍，其中进入工业化进程的国家和地区，经济增长和人均收入增长速度数十倍于工业化之前的数千年。人类今天所拥有的除自然物质之外的物质财富几乎都是在这 200 多年的时期中创造的。这一时期的最大特点就是：以持续不断的技术创新和技术革命，尤其是数十年至近百年发生一次的"产业革命"的方式推动经济社会的发展。① 新产业和新技术层出不穷，人类发展获得了强大的创造能力。

---

　　① 产业革命也称工业革命，一般认为 18 世纪中叶（70 年代）在英国产生了第一次工业革命，逐步扩散到西欧其他国家，其技术代表是蒸汽机的运用。此后对世界所发生的工业革命的分期有多种观点。一般认为，19 世纪中叶在欧美等国发生第二次工业革命，其技术代表是内燃机和电力的广泛运用。第二次世界大战结束后的 20 世纪 50 年代，发生了第三次工业革命，其技术代表是核技术、计算机、电子信息技术的广泛运用。21 世纪以来，世界正在发生又一次新工业革命（也有人称之为"第三次工业革命"，而将上述第二、第三次工业革命归之为第二次工业革命），其技术代表是新能源和互联网的广泛运用。也有人提出，世界正在发生的新工业革命将以制造业的智能化尤其是机器人和生命科学为代表。

当前，世界又一次处于新兴产业崛起和新技术将发生突破性变革的历史时期，国外称之为"新工业革命"或"第三次工业革命""第四次工业革命"，而中国称之为"新型工业化""产业转型升级"或者"发展方式转变"。其基本含义都是：在新的科学发现和技术发明的基础上，一批新兴产业的出现和新技术的广泛运用，根本性地改变着整个社会的面貌，改变着人类的生活方式。正如美国作者彼得·戴曼迪斯和史蒂芬·科特勒所说："人类正在进入一个急剧的转折期，从现在开始，科学技术将会极大地提高生活在这个星球上的每个男人、女人与儿童的基本生活水平。在一代人的时间里，我们将有能力为普通民众提供各种各样的商品和服务，在过去只能提供给极少数富人享用的那些商品和服务，任何一个需要得到它们、渴望得到它们的人，都将能够享用它们。让每个人都生活在富足当中，这个目标实际上几乎已经触手可及了。""划时代的技术进步，如计算机系统、网络与传感器、人工智能、机器人技术、生物技术、生物信息学、3D 打印技术、纳米技术、人机对接技术、生物医学工程，使生活于今天的绝大多数人能够体验和享受过去只有富人才有机会拥有的生活。"[①]

在世界新产业革命的大背景下，中国也正处于产业发展演化过程中的转折和突变时期。反过来说，必须进行产业转型或"新产业革命"才能适应新的形势和环境，实现绿色化、精致化、高端化、信息化和服务化的产业转型升级任务。这不仅需要大力培育和发展新兴产业，更要实现高新技术在包括传统产业在内的各类产业中的普遍运用。

我们也要清醒地认识到，20 世纪 80 年代以来，中国经济取得了令世界震惊的巨大成就，但是并没有改变仍然属于发展中国家的现实。发展新兴产业和实现产业技术的更大提升并非轻而易举的事情，不可能一蹴而就，而必须拥有长期艰苦努力的决心和意志。中国社会科学院工业经济研究所的一项研究表明：中国工业的主体部分仍处于国际竞争力较弱的水平。这项研究把中国工业制成品按技术含量低、中、高的次序排列，发现国际竞争力大致呈 U 形分布，即两头相对较高，而在统计上分类为"中技术"的行业，例如化工、材料、机械、电子、精密仪器、交通设备等，国际竞争力显著较低，而这类产业恰恰是工业的主体和决定工业技术整体素质的关键基础部门。如果这类产业竞争力不

---

① 【美】彼得·戴曼迪斯，史蒂芬·科特勒. 富足：改变人类未来的 4 大力量. 杭州：浙江大学出版社，2014.

强，技术水平较低，那么"低技术"和"高技术"产业就缺乏坚实的基础。即使从发达国家引入高技术产业的某些环节，也是浅层性和"漂浮性"的，难以长久扎根，而且会在技术上长期受制于人。

中国社会科学院工业经济研究所专家的另一项研究还表明：中国工业的大多数行业均没有站上世界产业技术制高点。而且，要达到这样的制高点，中国工业还有很长的路要走。即使是一些国际竞争力较强、性价比较高、市场占有率很大的中国产品，其核心元器件、控制技术、关键材料等均须依赖国外。从总体上看，中国工业品的精致化、尖端化、可靠性、稳定性等技术性能同国际先进水平仍有较大差距。有些工业品在发达国家已属"传统产业"，而对于中国来说还是需要大力发展的"新兴产业"，许多重要产品同先进工业国家还有几十年的技术差距，例如数控机床、高端设备、化工材料、飞机制造、造船等，中国尽管已形成相当大的生产规模，而且时有重大技术进步，但是，离世界的产业技术制高点还有非常大的距离。

产业技术进步不仅仅是科技能力和投入资源的问题，攀登产业技术制高点需要专注、耐心、执着、踏实的工业精神，这样的工业精神不是一朝一夕可以形成的。目前，中国企业普遍缺乏攀登产业技术制高点的耐心和意志，往往是急于"做大"和追求短期利益。许多制造业企业过早走向投资化方向，稍有成就的企业家都转而成为赚快钱的"投资家"，大多进入地产业或将"圈地"作为经营策略，一些企业股票上市后企业家急于兑现股份，无意在实业上长期坚持做到极致。在这样的心态下，中国产业综合素质的提高和形成自主技术创新的能力必然面临很大的障碍。这也正是中国产业综合素质不高的突出表现之一。我们不得不承认，中国大多数地区都还没有形成深厚的现代工业文明的社会文化基础，产业技术的进步缺乏持续的支撑力量和社会环境，中国离发达工业国的标准还有相当大的差距。因此，培育新兴产业、发展先进技术是摆在中国产业界以至整个国家面前的艰巨任务，可以说这是一个世纪性的挑战。如果不能真正夯实实体经济的坚实基础，不能实现新技术的产业化和产业的高技术化，不能让追求技术制高点的实业精神融入产业文化和企业愿景，中国就难以成为真正强大的国家。

实体产业是科技进步的物质实现形式，产业技术和产业组织形态随着科技进步而不断演化。从手工生产，到机械化、自动化，现在正向信息化和智能化方向发展。产业组织形态则在从集中控制、科层分权，向分布式、网络化和去中心化方向发展。产业发展的历史体现为以蒸汽机为标志的第一次工业革命、以电力和自动化为标志的第二次工业革命，到以计算机和互联网为标志的第三次工业革命，再到以人工智能和生命科学为标志的新工业革命（也有人称之为"第四次工业革命"）的不断演进。产业发展是人类知识进步并成功运用于生产性创造的过程。因此，新兴产业的发展实质上是新的科学发现和技术发明以及新科技知识的学习、传播和广泛普及的过程。了解和学习新兴产业和高新技术的知识，不仅是产业界的事情，而且是整个国家全体人民的事情，因为，新产业和新技术正在并将进一步深刻地影响每个人的工作、生活和社会交往。因此，编写和出版一套关于新兴产业和新产业技术的知识性丛书是一件非常有意义的工作。正因为这样，我们的这套丛书被列入了 2014 年的国家出版工程。

我们希望，这套丛书能够有助于读者了解和关注新兴产业发展和高新产业技术进步的现状和前景。当然，新兴产业是正在成长中的产业，其未来发展的技术路线具有很大的不确定性，关于新兴产业的新技术知识也必然具有不完备性，所以，本套丛书所提供的不可能是成熟的知识体系，而只能是形成中的知识体系，更确切地说是有待进一步检验的知识体系，反映了在新产业和新技术的探索上现阶段所能达到的认识水平。特别是，丛书的作者大多数不是技术专家，而是产业经济的观察者和研究者，他们对于专业技术知识的把握和表述未必严谨和准确。我们希望给读者以一定的启发和激励，无论是"砖"还是"玉"，都可以裨益于广大读者。如果我们所编写的这套丛书能够引起更多年轻人对发展新兴产业和新技术的兴趣，进而立志投身于中国的实业发展和推动产业革命，那更是超出我们期望的幸事了！

金 碚
2014 年 10 月 1 日

目 录

第一章　新材料概述

一、发展新材料

材料是国民经济、社会进步和国家安全的物质基础与先导，材料技术已成为现代工业、国防和高新技术的共性基础技术，是当前最重要、发展最快的科学技术领域之一。发展材料技术将促进包括新材料产业在内的我国高新技术产业的形成和发展，同时又将带动传统产业和支柱产业的改造和产品的升级换代。

1．新材料是社会现代化的先导

从现代科学技术史中可以看到，每一项重大的技术突破与创新在很大程度上都依赖于相应的新材料的发展。新材料的研制、开发与应用，不仅构成对高技术发展的推动力，而且也成为衡量一个国家科学技术水平高低的标志。从这个意义上讲，新材料是技术革命与创新的基石，是社会现代化的先导。现代高技术对新材料的依赖性使世界上主要的发达国家和发展中国家都将新材料列为高技术优先发展的领域和关键技术的组成部分进行规划和安排，采取各种措施，力争抢占新材料技术的制高点。信息技术、生物工程技术、新能源技术、激光技术、海洋开发和空间技术等作为促进生产、振兴经济、增强综合国力的高技术群和知识密集型产业，如果没有相应的新材料做基础，其提高、进步与发展是不可能的。反过来，这些高技术领域的发展也给相应新材料的发展注入了强劲动力。

2．新材料是实现人类社会可持续发展的重要保证

可持续发展的思想现在已经成为一种新的发展思想和战略。布伦特兰夫人在《我们共同的未来》中对可持续发展做出的经典表述为："可持续发展是在

满足当代人需要的同时，不损害后代人满足其自身需要的能力。"具体来说就是要建立节省资源的工业体系及实现清洁生产，提高能源利用效率及开发新能源与再生能源，改善生态环境和持续农业与林业生产，减少环境污染及降低温室效应与提高社会的可持续发展，包括控制生育与提高人口素质等。社会经济可持续发展的需求要求人们及时对科学研究的价值和技术发展的方向进行调整和评价，而新材料的发展正是适应了可持续发展这一需求，它在现代社会各个领域的应用将极大地改变传统的经济增长方式和发展模式，成为可持续发展的重要保证。

新材料对于经济发展的促进作用不仅表现在自 20 世纪 80 年代以来，新材料在整个世界贸易中所占比例逐年递增，而且表现在新材料的广泛使用带动了与此相关的产业部门的快速增长。例如在美国，50% 聚合物基复合材料用于航空航天产业，尤其是在大型商用运输机的制造上。新材料在相关产业部门的使用，大大降低了这些部门的生产成本，提高了劳动生产率和产品的质量与竞争力，对经济发展起着不可估量的作用。另外，新材料在社会生产各领域中的广泛应用大大节省了地球上十分有限的不可再生资源，延缓了其衰减速度，降低了生产中的能量消耗，在最大限度范围内减少了环境污染，维护了生态平衡，使人类和环境达到和谐，实现共同发展。例如，为了解决金属资源的枯竭问题，人们发展了各种高分子材料、复合材料和先进陶瓷材料，它们中的许多材料像有机玻璃钢、纤维增强塑料、氮化硅陶瓷，其强度、耐高温和耐腐蚀性能已远超金属材料，有些已用作飞机、火车、桥梁、发动机的关键部件。又如，为了减少矿物燃料燃烧时所造成的环境污染和温室效应，人们将目光转向具有清洁、高热值的新能源载体——氢。为此，人们开发了镁系、稀土系、钛系、锆系等新型储氢合金，用于氢的存储、运输、提纯与精制。

经济的发展是可持续发展的条件，社会的发展是可持续发展的目的，而科学技术的进步是可持续发展的强劲推动力量。新材料作为科技革命的基石，它的开发与应用顺理成章地成为可持续发展的前提保证。没有新材料的发展和在社会各个领域中的广泛应用而实现经济社会的可持续发展是不可想象的。

二、新材料的定义、分类及其特点

1. 新材料与传统材料

传统材料是指那些已经成熟且在工业中批量生产大量应用的材料，如钢铁、水泥、塑料等。这类材料由于产量大、产值高、涉及面广，又是很多支柱产业的基础，所以又称为基础材料。

新材料（或称先进材料）是指那些新近发展或正在发展之中的具有比传统材料的性能更为优异，且具有良好应用前景的一类材料。新材料技术是按照人的意志，通过理论研究、材料设计、材料加工、试验评价等一系列研究过程，创造出能满足各种需要的新型材料的技术。新材料与传统材料之间并没有明显的界限，传统材料通过采用新技术，提高技术含量，提高性能，大幅度增加附加值后可以成为新材料；新材料在经过长期生产与应用之后也就成为传统材料。传统材料是发展新材料和高新技术的基础，而新材料又往往能推动传统材料的进一步发展。

2. 新材料的分类

新材料作为高新技术的基础和先导，应用范围极其广泛，它同信息技术、生物技术一起成为 21 世纪最重要和最具发展潜力的领域。同传统材料一样，新材料可以从结构组成、功能和应用领域等多种不同角度对其进行分类，不同的分类之间相互交叉和嵌套。

新材料按材料的属性划分有金属材料、无机非金属材料（如陶瓷、砷化镓半导体等）、有机高分子材料、先进复合材料等四大类。

新材料按材料的使用性能划分有结构材料和功能材料。结构材料主要是利用材料的力学和理化性能，以满足高强度、高刚度、高硬度、耐高温、耐磨、耐蚀、抗辐照等性能要求；功能材料主要是利用材料具有的电、磁、声、光热等效应，以实现某种功能，如半导体材料、磁性材料、光敏材料、热敏材料、隐身材料和制造原子弹、氢弹的核材料等。

一般按应用领域和当今的研究热点把新材料分为以下的主要领域：电子信息材料、新能源材料、纳米材料、先进复合材料、先进陶瓷材料、生态环境材料、新型功能材料（含高温超导材料、磁性材料、金刚石薄膜、功能高分子材料等）、生物医用材料、高性能结构材料、智能材料、新型建筑及化工新材料等。

3. 新材料的特点

（1）具有一些优异性能或特定功能。如超高强度、超高硬度、超塑性等力学性能，超导性、磁致伸缩、能量转换、形状记忆等特殊物理或化学性能。

（2）新材料的发展与材料科学理论的关系比传统材料更为密切。相对传统材料而言，它的制备更多的是在理论指导下进行的。

（3）新材料的制备和生产往往与新技术、新工艺紧密相关。如机械合金化技术制备纳米晶材料、非晶态合金材料，用溅射技术、激光技术或离子注入技术制备具有特殊性质的薄膜材料等。

（4）更新换代快，式样多变。如手机电池所采用的新能源材料，在比较短的时间内便经历了 Ni–Cd、Ni–H、锂离子电池材料的变化。

（5）新材料大多是知识密集、技术密集、附加值高的高技术材料，而传统材料通常为资源性或劳动集约型材料。

三、新材料技术发展的重点

材料科学技术为开发新材料、改进现有材料和合理使用材料服务，根据国际动向并结合国内具体情况，材料科学技术发展的重点有以下几个方面：

1. 开发新材料，发展高技术产业

当今是高技术主宰着社会，一方面高技术促进社会发展，又是国防安全的保证，新材料在国防建设上作用重大。例如，超纯硅、砷化镓研制成功，导致大规模和超大规模集成电路的诞生，使计算机运算速度从每秒几十万次提高到现在的每秒百亿次以上；航空发动机材料的工作温度每提高 100℃，推力可增大 24%；隐身材料能吸收电磁波或降低武器装备的红外辐射，使敌方探测系统难以发现等。另一方面高技术是传统产业改造升级和发展支柱产业不可或缺的组成部分，而新材料又是高技术的先导和基础，所以开发新材料必然受到高度重视。根据高技术产业的发展趋势，新材料重点开发的领域有：信息功能材料、高性能结构材料、新能源材料、有机高分子材料、生物材料、生态环境材料、智能材料和纳米材料等。

2. 新材料的设计

通过设计而得到所需要的材料性能是材料科学技术工作者的奋斗目标。随着有关学科的发展，设计材料愈来愈受到重视。材料设计的最终目标是根据需求，设计出合理成分，制定最佳生产流程，而后生产出符合要求的材料。材料设计根据研究对象的不同，可以在不同的层次下进行，即微观层次（原子—分子尺度）、显微结构层次（微米尺寸量级）和宏观层次。在不同层次下的材料设计应用了不同的原理并满足新材料研究开发、生产不同层次的要求。不同层次的材料设计可使工程材料的研制迈向一个新的阶段，可以大大减少"炒菜"式研究方法中的种种浪费，缩短发展新材料的进程，合理利用资源并实现材料

开发和应用的可持续发展。应该指出，材料设计十分复杂，如模型的建立往往是基于平衡态，而实际材料多处于非平衡态，如凝固过程的偏析和相变等。材料的力学性质往往对结构十分敏感，因此，结构的任何微小变化、性能都会发生明显变化，何况有些性质，如脆性、裂纹的萌生与扩展等与结构的关系还很不清楚，因此要想得到确切真实的结构绝非易事。

3. 材料制备新工艺与新技术的开发

任何一种新材料从发现到应用于实际，必须经过适当的制备工艺才能成为工程材料。高温超导自 1986 年被发现到现在，已有 20 年的历史，但仍不能普遍应用于电力工业，主要是因为没有找到价廉而稳定的生产线材的工艺。碳 C_{60} 也是如此，尽管在发现之初认为它的用途十分广泛，但至今仍处于科研阶段而未获大规模应用。面对资源、能源和环境污染等问题，传统材料也需要不断改进生产工艺或流程，以提高产品质量、降低成本和减少污染，从而提高竞争能力。

4. 新材料的应用研究

新材料的广泛应用是材料科学技术发展的主要动力，实验室研究出来的具有优异性能的新材料不等于具有使用价值，必须通过大量应用研究，才能发挥其应有的作用和价值。

新材料的应用要考虑以下几个因素：①材料的使用性能；②使用寿命及可靠性；③环境的适应性，包括生产过程与使用期间；④价格。首先，对于不同的材料及不同的使用对象，考虑的侧重点会不一样，有些量大面广的材料，价格低廉是主要的，因而生产要低成本，检验不是十分复杂，如建材与包装材料。相反，有些关键技术所用的关键材料，如航空航天及医用生物材料，一旦发生意外则损失严重，因而必须高质量、安全可靠，加强检验，否则后果不堪设想。以航空发动机所用的高温合金为例，作为涡轮叶片及涡轮盘材料，一旦在飞行过程中出现断裂，就会造成机毁人亡，因而在要求长寿命的同时，对可靠性的要求特别严格。其次，材料是否有竞争能力，除质量和稳定性以外，还有材料的生产成本和价格。价格的影响因素很多，其中产量是决定因素之一。因为高产量不但可以实现自动化，而且质量稳定，成品率大幅提高，成本明显下降。因此，扩大应用范围是促进生产量的必由之路。还有，新材料的应用研究也是机械部件与电子元件失效分析的基础，失效分析的准确性与时效性代表一个国家的科学技术水平。通过材料应用研究也可以发现材料中的规律性东西，进而指导材料的改进和发展。

目前，新材料的应用正朝着研制生产更小、更智能、多功能、环保型以及可定制的产品、元件等方向发展。20世纪90年代，全球逐步掀起了纳米材料研究热潮。由于纳米技术从根本上改变了材料和器件的制造方法，使得纳米材料在磁、光、电敏感性方面呈现出常规材料不具备的许多特性，在许多领域有着广阔的应用前景。专家预测，纳米材料的研究开发将是一次技术革命，进而将引起21世纪又一次产业革命。日本三井物产公司曾宣布该公司将批量生产碳纳米管，从2002年4月开始建立年产量120t的生产设备，9月份投入试生产，这是世界上首次批量生产低价纳米产品。美国IBM公司的科研人员，在2001年4月，用碳纳米管制造出了第一批晶体管，这一利用电子的波性，而不是用常规导线来实现传递的技术突破，有可能导致更快、更小的产品出现，并可能使现有的硅芯片技术逐渐被淘汰。在碳纳米管研究方兴未艾的同时，纳米事业的新秀——"纳米带"又问世了。在美国佐治亚理工学院工作的3位中国科学家利用高温气体固相法，在世界上首次合成了半导体化合物纳米带状结构。这是继发现多壁碳纳米管和合成单壁纳米管以来，一维纳米材料合成领域的又一大突破。这种纳米带的横截面是一个窄矩形结构，带宽为30~300nm，厚度为5~10nm，而长度可达几毫米，是迄今为止合成的唯一具有结构可控且无缺陷的宽带半导体准一维带状结构。目前已经成功合成了氧化锡、氧化铟、氧化隔等材料纳米带。由于半导体氧化物纳米带克服了碳纳米管的不稳定性和内部缺陷问题，具有比碳纳米管更独特和优越的结构及物理性能，因而能够更早地投入工业生产和商业开发。

四、新材料产业发展的特点、存在的问题及发展前景

1. 新材料产业发展的特点

（1）应用领域宽广、相互之间关联度小。新材料种类纷繁，涉及多个不同行业，不仅包括市场一度热衷的纳米材料，磁性材料等产品，还包括与能源结合紧密的新型能源材料，与信息产业紧密结合的光通信材料，更有聚氨酯，氯化聚乙烯，有机氟材料等传统高分子材料。同时，生产这些产品的企业又分处不同行业，无论是设备、生产技术，还是销售市场均存在较大差异。可以说并不存在共同的市场基础，关联性较差，各公司的个性要强于整个"行业"的共性。

（2）知识与技术密集度高。技术密集是指新材料在研制和制造过程中技术

的多样性、边缘性和综合性。新材料行业涉及自然科学和工程技术，多学科交叉渗透，知识和技术高度密集。

（3）高投资、高风险、高收益。从投资来说，新材料产品要求有一定的投资强度，新材料行业的装备一次性投入大，尤其是在工程化研究以及建立规模经济生产线时要求更高。从风险角度看，首先，由于应用领域的进步，对新材料的技术要求进一步提高，研发风险提高；其次，新材料品种多，大批量产品相对较少，由于工艺集成度加大，生产流程缩短，知识转化为技术和产品的效率提高，存在行业风险；再次，由于高新技术发展迅猛，新材料本身更新换代速度加快，生命周期缩短，产品风险加大。从收益的角度看，与其他传统行业的上市公司相比，新材料上市公司近年业绩优良。

（4）新材料产业与其他产业的关联度高。从新材料产业与其他产业的关系来说，具有如下特点：①先导性、基础性和带动性。新材料广泛应用于信息、能源、交通、医疗等各个领域，是其他高新技术及其产业发展的基础和先导；②新材料产业与上、下游相关产业进一步融合，产业结构垂直扩散；③新材料与传统产业紧密结合，产业结构横向扩散。随着高技术的发展，传统材料产业向新材料产业发展。

2. 新材料产业发展中存在的主要问题

在我国新材料产业迅速发展的同时，也存在着一些亟待解决的问题。一是科研成果转化为生产力水平差。我国稀土资源占世界总储量的80%，产量占世界总产量的70%，但其中的2/3以资源或初级产品的方式出口国外。因此，尽快将资源优势转化为产业优势是我国工业领域的一项迫在眉睫的任务。二是新材料产品缺乏市场竞争力。例如我国钢铁产量已居世界前列，其中众多的一般品种已经供求平衡，甚至供大于求，但达到世界主要钢铁强国质量水平的钢材不足20%，每年仍需进口1000多万 t 优质钢材。另外，我国水泥产量已居世界首位，但高标号水泥仅占总产量的17%。再者，我国高性能通用高分子材料与国外差距也较大，目前大量进口，而工业领域主要用到的工程塑料也难以满足需求。三是国防建设、国民经济建设和国计民生的关键新材料亟待开发，前瞻性新材料和具有自主知识产权的材料研发能力不足。近些年，超导材料、纳米材料、信息材料等基础研究领域又有了新的研究成果，而这些成果多为发达国家所取得，我国在这些方面还存在较明显的差距。四是面临入世后竞争力下降的严峻挑战。加入 WTO 后，为满足国民待遇原则、非歧视原则等，我国新材料企业将难以继续获得税收优惠。同时，从我国目前的新材料产业价格政策来看，大部分将受到 WTO《补贴与反补贴协议》的相关条款限制，不能享受过渡时期对发展中国家的保护。特别是一些资源垄断性材料产业生产的产品，在缺乏政府政策优惠和财政补贴的情况下，将面临极为严峻的挑战。

3. 新材料产业的发展前景

随着我国社会经济持续快速发展，特别是城市化、工业化进程的加快，新材料的应用领域将进一步拓宽，产业波及效应逐步提高，新材料产业的发展前景非常广阔。

（1）我国凭借相对廉价的劳动力和丰富资源等优势，使原有的制造业优势得到进一步发挥，世界"制造业中心"转向中国是必然的。这既是我国制造业与国际接轨并提升国际竞争力的好机会，也是我国发挥资源优势，发展材料工业特别是新材料产业的良好机遇。

（2）自"十五"计划开始到即将到来的"十三五"规划，国家产业政策导向明显向以新材料产业为代表的高新技术产业倾斜，陆续出台政策措施以促进新材料产业的发展，特别是国家将指导、协同有关地方政府在因地制宜、科学规划的基础上，培育若干个世界级优势特色材料产业基地，这对新材料产业发展无疑将产生重要的推动作用。

（3）国内支柱产业及高技术产业发展对新材料的需求不断扩大。机械制造业、电子信息制造业、汽车工业、建筑业等支柱产业的快速发展对原材料在质量、性能与数量等方面都提出了更高的要求。高新技术产业将带动新材料需求的增加，特别是电子信息材料以每年 20%～30% 的速度增长，生物医用材料以约 20% 的速度递增。

（4）新型能源材料、生态环境材料、航空航天材料等新材料的需求将随着社会经济的发展而迅速增加。复合材料的需求将有较大幅度的增加，特别是树脂基的复合材料。

总之，我国发展新材料产业的资源条件优越、需求旺盛，只要坚持体制创新与科技创新的方针，在继续加大政府支持力度的基础上，建立以企业为主体的研发与生产模式，加强产学研联合，重视人才培养，建立健全有效的激励约束机制，积极推进新材料领域科技成果产业化，未来我国的新材料产业必将得到快速发展。

第二章　纳米材料

一、纳米材料概述

纳米材料研究是目前材料科学研究的一个热点，纳米材料是纳米技术应用的基础，其相应发展起来的纳米技术则被公认为是 21 世纪最具有前途的科研领域。信息、生物技术、能源、环境、先进制造技术和国防技术的高速发展必然对材料提出新的要求，元件的小型化、智能化、高集成、高密度存储和超快传输等要求所用材料的尺寸越来越小，性能越来越高。纳米材料将是起重要作用的关键材料之一，也是纳米科技中最为活跃、最接近应用的重要组成部分。

1. 纳米材料的定义

纳米是一种度量单位，1 纳米（nm）等于 10^{-9} 米，及十亿分之一米。1 纳米相当于头发丝直径的十万分之一。目前，国际上将处于 1～100nm 尺度范围内的超微颗粒及其致密的聚集体，以及由纳米微晶所构成的材料，统称为纳米材料。广义地说，所谓纳米材料是指微观结构至少在一维方向上受纳米尺度调制的各种固体超细材料，它包括零维的原子团簇（几十个原子的聚集体）和纳米微粒；一维调制的纳米多层膜；二维调制的纳米微粒膜（涂层）及三维调制的纳米块体材料等。

2. 纳米科学与纳米技术

纳米科学是指研究纳米尺寸范围在 0.1～100nm 之内的物质所具有的物理、化学性质和功能的科学。而纳米技术其实就是一种用单个原子、分子制造物质的科学技术，它以纳米科学为理论基础，进行制造新材料、新器件，研究新工艺的方法。纳米科学与技术大致涉及如下 7 个分支：纳米材料学、纳米电子学、纳米生物学、纳米物理学、纳米化学、纳米机械学、纳米加工及表征。其中每一门类都是相对独立的跨学科的边缘科学，不是某一学科的延伸或某一项工艺的革新，而是许多基础理论、专业工程理论与现代尖端高新技术的结晶，并且主要以物理、化学等微观研究理论为基础，以现代高精密检测仪器和先进的分析技术为手段，是一个原理深奥、科技顶尖和内容极广的多学科群。纳米科技所研究的领域是人类过去从未涉及的非宏观、非微观的中间领域，从而开辟了人类认识世界的新层次，也使人们改造自然的能力直接延伸到分子、原子水平，这标志着人类的科学技术进入了一个新时代，即纳米科技时代。

3. 纳米材料的发现与发展阶段

人工制造纳米材料的历史至少可以追溯到 1000 年以前。当时，中国人利用燃烧的蜡烛形成的烟雾制成炭黑，作为墨的原料或着色燃料，科学家们将其誉为最早的纳米材料。中国古代的铜镜表面防锈层是由 SnO_2 颗粒构成的薄膜，遗憾的是当时人们并不知道这些材料是由肉眼根本无法看到的纳米尺度小颗粒构成。19 世纪末至 20 世纪初，随着胶体化学的建立，科学家们开始对 1 ~ 100nm 的粒子系统进行研究，但限于当时的科学技术水平，化学家们并没有意识到这样一个尺寸范围是人类认识世界的一个崭新层次，而仅仅是从化学角度作为宏观体系的中间环节进行研究。

真正有意识的研究纳米粒子可追溯到 20 世纪 30 年代的日本为了军事需要而开展的"沉烟试验"，但受到当时的试验水平和条件限制，虽用真空蒸发法制成了世界第一批超微铅粉，但光吸收性能很不稳定。1940 年，安德姆首次采用电子显微镜对金属氧化物的烟状物进行了观察。1945 年，伯克提出在低压惰性气体中获得金属超微粒子的方法。1962 年，库伯及其合作者针对金属超微粒子的研究，提出了著名的库伯理论，也就是超微颗粒的量子限域理论。从而推动了实验物理学家向纳米尺度的微粒进行探索。由此看来，到 20 世纪中叶，人们已经开始自觉地把纳米微粒作为研究对象来探索纳米体系的奥秘。1959 年，在美国物理学年会上，著名物理学家、诺贝尔物理奖获得者查理得·费曼在题为"自底层构造的丰富结构"的著名演讲中预言，如果我们对物体微小规模上的排列加以控制的话，我们就能使物体得到大量的异乎寻常的特性，就会看到材料的性能产生丰富的变化。他所说的材料就是现在的纳米材料，他的预言被科学界誉为纳米技术萌芽的标志。

20 世纪 70 年代末到 80 年代初，科学家对一些纳米颗粒的结构、形态和特性进行了比较系统的研究。描述金属颗粒费米面附近电子能级状态的库伯理论日臻完善，在用量子尺寸效应解释超微颗粒的某些特性时获得成功。1990 年 7月，在美国巴尔的摩召开了国际第一届纳米科学技术学术会议，正是把纳米材料科学作为材料科学的一个新的分支公布于世。这标志着纳米材料学作为一个相对比较独立学科的诞生，同时，纳米生物学、纳米电子学和纳米机械学等概念也被正式提出。从此以后，纳米材料引起了世界各国材料界和物理界的极大兴趣和广泛重视。

因此，自 20 世纪 70 年代纳米颗粒材料问世以来，从研究内涵和特点来看，纳米材料的发展大致可划分为 3 个阶段：

第一阶段（1990 年以前）：主要是在实验室探索用各种方法制备各种材料的纳米颗粒粉体或合成块体，研究评估表征的方法，探索纳米材料不同于普通材料的特殊性能；研究对象一般局限在单一材料和单相材料，国际上通常把这种材料称为纳米晶或纳米相材料。

第二阶段（1990—1994 年）：人们关注的热点是如何利用纳米材料已发掘的物理和化学特性，设计纳米复合材料，复合材料的合成和物性探索一度成为纳米材料研究的主导方向。

第三阶段（1994 年至现今）：纳米组装体系、人工组装合成的纳米结构材料体系正在成为纳米材料研究的新热点。国际上把这类材料称为纳米组装材料体系或者纳米尺度的图案材料。它的基本内涵是以纳米颗粒以及它们组成的纳米丝、管为基本单元在一维、二维和三维空间组装排列成具有纳米结构的体系。

二、纳米结构与纳米材料及其分类

1. 纳米结构及其分类

纳米结构是以纳米尺度的物质单元为基础，按一定规律构筑或营造的一种新体系。它包括纳米阵列体系、介孔组装体系、薄膜嵌镶体系。对纳米阵列体系的研究集中在由金属纳米微粒或半导体纳米微粒在一个绝缘的衬底上整齐排列所形成的二维体系上。而纳米微粒与介孔固体组装体系由于微粒本身的特性，以及与界面的基体耦合所产生的一些新的效应，也使其成为研究热点。按照其支撑体的种类可将它划分为无机介孔复合体和高分子介孔复合体两大类，按其支撑体的状态又可将它划分为有序介孔复合体和无序介孔复合体。在薄膜嵌镶体系中，对纳米颗粒膜的主要研究是基于体系的电学特性和磁学特性而展开的。美国科学家利用自组装技术将几百只单壁纳米碳管组成晶体索"Ropes"，这种索具有金属特性，室温下电阻率小于 $0.0001\Omega/\mathrm{m}$；将纳米三碘化铅组装到尼龙 – 11 上，在 X 射线照射下具有光电导性能，利用这种性能为发展数字射线照相奠定了基础。

2. 纳米材料的分类

根据纳米材料的定义，纳米材料大致包含如下几种：

（1）原子团簇：原子团簇是 20 世纪 80 年代出现的一类新的化学物种，通常是指几个至几百个原子的聚集体（粒径小于或等于 1nm）。原子团簇不同于具有特定大小和形状的分子、以弱的结合力结合的松散分子团簇以及周期性很强的晶体，原子团簇的形状可以是多种多样的，他们尚未形成规整的晶体，除了惰性气体外，它们都是以化学键紧密结合的聚集体。绝大多数原子团簇的结构不清楚，但已知有线状、层状、管状、洋葱状、骨架状和球状等。

（2）纳米粉末：又可称为纳米微粒、超微粉或超细粉，是指颗粒尺寸处在纳米数量级的超细颗粒，它的尺度大于原子团簇，小于通常的微粉，一般在 1 ~ 100nm 之间，是一种介于原子、分子与宏观物体之间处于中间物态的固体颗粒材料。纳米微粒是肉眼和一般显微镜下看不见的微小粒子。所以，日本名古屋大学上田良二教授给纳米微粒下了这样一个定义：用电子显微镜能看到的微粒。纳米微粒本身具有量子效应、表面效应、小尺寸效应及宏观量子隧道效应，因而展现出许多特有的性质。纳米微粒的应用前景，除了光、电、热、磁和催化特性外，就是由纳米颗粒在高度真空下原位压制纳米材料，或制作具有各种相关特性的纳米颗粒涂层以及其他的纳米功能薄膜等。

（3）纳米纤维：又可称为一维纳米材料，准一维实心的纳米材料是指在两维方向上为纳米尺度，而长度较上述两维方向的尺度大得多，甚至为宏观量的新型纳米材料。通常纵横比（长度与直径的比率）小的叫纳米棒，纵横比大的称作纳米丝，但是两者之间并没有一个严格统一的界限标准。很多专著中将长度小于 1μm 的称为纳米棒，长度大于 1μm 的称为纳米丝或纳米线。

（4）纳米薄膜材料：纳米薄膜是指由尺寸在纳米量级的晶粒（或颗粒）构成的薄膜以及每层厚度在纳米量级的单层或多层膜，有时也称为纳米晶粒薄膜和纳米多层膜，其性能主要依赖于晶粒（颗粒）尺寸、膜的厚度、表面粗糙度及多层膜的结构。据此定义，已经发现的超晶格薄膜、LB 薄膜、巨磁阻颗粒膜材料等都可以归类为薄膜材料。纳米薄膜与普通薄膜相比，具有许多独特的性能，如由膜厚度或膜中晶粒尺寸大小变化引起的特殊的光学性能，硬度、耐磨性和韧性方面表现出的特殊力学性能以及特殊的电磁学特性、巨磁电阻特性等。

（5）纳米块体材料：又可称为纳米固体材料或纳米结构材料，或者简称纳米材料，它是由颗粒或晶粒尺寸为 $1 \sim 100$nm 的粒子凝聚而成的三维块体。纳米晶块体材料具有特殊的结构，而这种结构的特殊性也使得这类材料与传统材料相比具有优异的性能。不仅能作为优良的功能材料，甚至可能成为一些特定用途的结构材料或功能结构双用途材料。

三、纳米材料的结构特征与基本性能

1. 结构特征

纳米材料的晶粒结构主要是用透射电子显微镜（TEM）、高分辨电镜（HRTEM）直接观察，无论是使用气相沉积法、化学法、力学形变法，还是用非晶晶化法制备的纳米材料的晶粒尺寸，都是使用大量透射电子显微镜照片利用统计方法测量的，也可以使用 X 射线衍射等方法测定。纳米微粒一般为球形或类球形，也还有各种其他形状，这些形状的出现与制备方法密切相关。例如，由气相蒸发法合成的纳米铬微粒，当铬粒子尺寸小于 20nm 时，为球形，对于尺寸较大的粒子，为正方形或矩形，实际粒子的形态是正方体或立方体，有时它们的边棱会受到不同程度的平截。

2. 基本物理效应

（1）尺寸效应：系指当纳米粉体的粒径小到与其德布罗意波长或光波波长相当或更小时，纳米颗粒晶体的周期性边界条件被破坏，而导致其宏观物理性质变化的现象。其磁性、内压、光吸收、热阻、化学活性、催化性及熔点等都较普通粒子发生了很大的变化。纳米粒子的以下几个方面效应及其多方面的应用均基于它的尺寸效应。例如，纳米粒子的熔点可远低于块状本体，此特性为粉粉冶金工业提供了新工艺；利用等离子共振频移随颗粒尺寸变化的性质，可以改变颗粒尺寸，控制吸收的位移，制造具有一种频宽的微波吸收纳米材料，用于电磁屏蔽，隐形飞机等。

（2）表面效应：随着纳米微粒的粒径变小，其比表面积越来越大，位于表面的原子比例也越来越大。由于表面原子近邻配位不全，键态严重失衡，因而纳米微粒具有很高的表面能。由于表面原子周围缺少相邻的原子，有许多悬空键，具有不饱和性质，易于其他原子相结合而稳定下来，因而表现出很大的化学和催化活性。

（3）量子尺寸效应：当粒子尺寸达到纳米量级时，金属费米能级附近的电子能级由准连续变为分立能级的现象称为量子尺寸效应。宏观物体的原子数趋向于无限大，因此能级间距趋向于零。纳米粒子因为原子数有限，导致有一定的限值，即能级间距发生分裂。半导体纳米粒子的电子态由体相材料的连续能带随着尺寸的减小过渡到具有分立结构的能级，表现在吸收光谱上就是从没有结构的宽吸收带过渡到具有结构的吸收特性。在纳米粒子中处于分立的量子化能级中的电子的波动性带来了纳米粒子一系列特性，如高的光学非线性，特异的催化和光催化性质等。例如，当金属纳米粒子出现能级分裂从而出现量子尺寸效应时，其电阻率会大幅提高。又如金属为导体，但纳米金属微粒在低温由于量子尺寸效应会呈现电绝缘性。

（4）宏观量子隧道效应：微观粒子具有穿透势垒的能力称为隧道效应。人们发现一些宏观量，例如微颗粒的磁化强度、量子相干器件中心的磁通量以及电荷等亦具有隧道效应，它们可以穿越宏观系统的势垒产生变化，故称为宏观的量子隧道效应。因而，用此概念可定性解释超细镍微粒在低温下保持超顺磁性等。

（5）介电限域效应：纳米粒子的介电限域效应较少，不容易被注意到。实际样品中，粒子被空气、聚合物、玻璃和溶剂等介质所包围，而这些介质的折射率通常比无机半导体低。光照射时，由于折射率不同产生了界面，邻近纳米半导体表面的区域、纳米半导体表面甚至纳米粒子内部的场强比辐射光的光强增大了。这种局部的场强效应，对半导体纳米粒子的光物理及非线性光学特性有直接的影响。对于无机—有机杂化材料以及用于多相反应体系中光催化材料，介电限域效应对反应过程和动力学有重要影响。

3. 基本物理性质

（1）热学性能：纳米微粒的熔点、开始烧结温度和晶化温度均比常规粉体低得多。由于颗粒小，纳米微粒表面能高、比表面原子数多，这些表面原子近邻配位不全，活性大以及纳米微粒体积远小于大块材料，因此纳米粒子熔化时所增加的内能小得多，这就使纳米微粒熔点急剧下降。例如，大块铅的熔点为600K（开），而20nm 球形铅微粒熔点低于288K。

（2）磁学性能：纳米微粒奇异的磁特性主要表现在它具有超顺磁性或高的

矫顽力。纳米微粒尺寸小到一定临界值时进入超顺磁状态，例如 α – Fe 在粒径为 5nm 时变成超顺磁体。当纳米微粒尺寸高于超顺磁临界尺寸处于单畴状态时，通常呈现高的矫顽力，例如粒径为 16nm 的铁微粒，矫顽力在 5.5K 时达 $1.6 \times 10^6 / 4\pi$（A/m）。

（3）光学性能：纳米粒子的表面效应和量子尺寸效应对纳米微粒的光学特性有很大的影响，甚至使纳米微粒具有同质的大块物体所不具备的新的光学特性。主要表现在宽频带强吸收、蓝移现象和发光现象。

（4）电学性能：对同一种纳米材料，当颗粒达到纳米级，其电阻、电阻温度系数都会发生变化。例如银是优异的良导体，而 10～15nm 的银微粒电阻突然升高，已失去了金属的特征，变成了非导体。

（5）力学性能：纳米材料不同于以往粗晶、多晶材料，在力学性质方面有一些新特点。例如人们观察到了纳米材料强度较常规材料增强的现象。纳米固体材料的结构特点使它的塑性、冲击韧性和断裂韧性与常规材料相比有很大的改善。

四、纳米材料的制备与合成

纳米材料其实并不神秘和新奇，自然界中广泛存在着天然形成的纳米材料，如蛋白石、陨石碎片、动物牙齿、海洋沉积物等就是由纳米微粒构成的。然而，人们自觉地将纳米微粒作为研究对象，从而用人工方法有意识地获得纳米粒子则是在 20 世纪 60 年代才开始。人们一般将纳米材料的制备方法划分为物理方法和化学两大类。化学方法比较复杂，主要有水热法和水解法。水热法包括水热沉淀、合成、分解和结晶法，适宜制备纳米氧化物；水解法包括溶胶—凝胶法、溶剂挥发分解法、乳胶法和蒸发分离法等。物理方法大体来说也有如下几种：

（1）非晶晶化法：这是目前较为常用的方法（尤其是用于制备薄膜材料与磁性材料）。它是通过非晶态固体的晶化动力学过程使产物晶化为纳米尺寸的晶粒，它通常由非晶态固体的获得和晶化两个过程组成。

（2）机械球磨法：它是一个无外部热能供给的、干的高能球磨过程，是一个由大晶粒变为小晶粒的过程。利用球磨机的转动或振动使硬球（不锈钢球、玛瑙球、硬质合金球等）对原料进行强烈的撞击、研磨和搅拌，控制球磨温度和时间，把金属和合金粉末粉碎为纳米级微粒的方法。

（3）快速冷凝法：通过在纯净的惰性气体中的蒸发和冷凝过程获得较干净的纳米微粒。用气体冷凝法可通过调节惰性气体的压力、蒸发物质的分压即蒸发温度或速率，或惰性气体的温度来控制纳米微粒粒径的大小。

（4）冷变形法：这是在非晶晶化法的基础上发展起来的一种方法，在施加外界能量使非晶变形时，由于局部发热而导致结晶转变，从而获得纳米晶体组织。

五、纳米材料的应用范围

（1）天然纳米材料：海龟在美国佛罗里达州的海边产卵，但出生后的幼小海龟为了寻找食物，却要游到英国附近的海域，才能得以生存和长大。最后，长大的海龟还要再回到佛罗里达州的海边产卵。如此来回需 5～6 年，为什么海龟能够进行几万千米的长途跋涉呢？它们依靠的是头部内的纳米磁性材料，为它们准确无误地导航。生物学家在研究鸽子、海豚、蝴蝶、蜜蜂等生物为什么从来不会迷失方向时，也发现这些生物体内同样存在着纳米材料为它们导航。

（2）纳米磁性材料：在实际中应用的纳米材料大多数都是人工制造的。纳米磁性材料具有十分特别的磁学性质，纳米粒子尺寸小，具有单磁畴结构和矫顽力很高的特性，用它制成的磁记录材料不仅音质、图像和信噪比好，而且记录密度比 $\gamma-Fe_2O_3$ 高几十倍。超顺磁的强磁性纳米颗粒还可制成磁性液体，用于电声器件、阻尼器件、旋转密封及润滑和选矿等领域。

（3）纳米陶瓷材料：传统的陶瓷材料中晶粒不易滑动，材料质脆，烧结温度高。纳米陶瓷的晶粒尺寸小，晶粒容易在其他晶粒上运动，因此，纳米陶瓷材料具有极高的强度和高韧性以及良好的延展性，这些特性使纳米陶瓷材料可在常温或次高温下进行冷加工。如果在次高温下将纳米陶瓷颗粒加工成形，然后做表面退火处理，就可以使纳米材料成为一种表面保持常规陶瓷材料的硬度和化学稳定性，而内部仍具有纳米材料的延展性的高性能陶瓷。

（4）纳米传感器：纳米二氧化锆、氧化镍、二氧化钛等陶瓷对温度变化、红外线以及汽车尾气都十分敏感。因此，可以用它们制作温度传感器、红外线检测仪和汽车尾气检测仪，检测灵敏度比普通的同类陶瓷传感器高得多。

（5）纳米倾斜功能材料：在航天用的氢氧发动机中，燃烧室的内表面需要耐高温，其外表面要与冷却剂接触。因此，内表面要用陶瓷制作，外表面则要用导热性良好的金属制作，但块状陶瓷和金属很难结合在一起。如果制作时在金属和陶瓷之间使其成分逐渐地连续变化，让金属和陶瓷"你中有我、我中有你"，最终便能结合在一起形成倾斜功能材料，它的意思是其中的成分变化像一个倾斜的梯子。当用金属和陶瓷纳米颗粒按其含量逐渐变化的要求混合后烧结成形时，就能达到燃烧室内侧耐高温、外侧有良好导热性的要求。

（6）纳米半导体材料：将硅、砷化镓等半导体材料制成纳米材料，具有许多优异性能。例如，纳米半导体中的量子隧道效应使某些半导体材料的电子输运反常、导电率降低，电导热系数也随颗粒尺寸的减小而下降，甚至出现负值。这些特性在大规模集成电路器件、光电器件等领域发挥重要的作用。利用半导体纳米粒子可以制备出光电转化效率高的、即使在阴雨天也能正常工作的新型太阳能电池。由于纳米半导体粒子受光照射时产生的电子和空穴具有较强的还原和氧化能力，因而它能氧化有毒的无机物，降解大多数有机物，最终生成无毒、无味的二氧化碳、水等，所以，可以借助半导体纳米粒子利用太阳能催化分解无机物和有机物。

（7）纳米催化材料：纳米粒子是一种极好的催化剂，这是由于纳米粒子尺寸小、表面的体积分数较大、表面的化学键状态和电子态与颗粒内部不同、表面原子配位不全，导致表面的活性位置增加，使它具备了作为催化剂的基本条件。镍或铜锌化合物的纳米粒子对某些有机物的氢化反应是极好的催化剂，可替代昂贵的铂或钯催化剂。纳米铂黑催化剂可以使乙烯的氧化反应的温度从 600 ℃ 降低到室温。

（8）医疗上的应用：血液中红细胞的大小为 6000 ~ 9000nm，而纳米粒子只有几个纳米大小，实际上比红细胞小得多，因此它可以在血液中自由活动。如果把各种有治疗作用的纳米粒子注入人体各个部位，便可以检查病变和进行治疗，其作用要比传统的打针、吃药的效果好。碳材料的血液相溶性非常好，21 世纪的人工心瓣都是在材料基底上沉积一层热解碳或类金刚石碳。但是这种沉积工艺比较复杂，而且一般只适用于制备硬材料。介入性气囊和导管一般是用高弹性的聚氨酯材料制备，通过把具有高长径比和纯碳原子组成的碳纳米管材料引入到高弹性的聚氨酯中，我们可以使这种聚合物材料一方面保持其优异的力学性质和容易加工成型的特性，另一方面获得更好的血液相溶性。实验结果显示，这种纳米复合材料引起血液溶血的程度会降低，激活血小板的程度也会降低。

使用纳米技术能使药品生产过程越来越精细，并在纳米材料的尺度上直接利用原子、分子的排布制造具有特定功能的药品。纳米材料粒子将使药物在人体内的传输更为方便，用数层纳米粒子包裹的智能药物进入人体后可主动搜索并攻击癌细胞或修补损伤组织，使用纳米技术的新型诊断仪器只需检测少量血液，就能通过其中的蛋白质和 DNA 诊断出各种疾病。通过纳米粒子的特殊性能在纳米粒子表面进行修饰形成一些具有靶向，可控释放，便于检测的药物传输载体，为身体的局部病变的治疗提供新方法，为药物开发开辟了新的方向。

（9）纳米计算机：世界上第一台电子计算机诞生于 1945 年，它是由美国的大学和陆军部共同研制成功的，一共用了 18000 个电子管，总重量 30t，占地面积约 170 ㎡，可以算得上一个庞然大物了，可是，它在 1s 内只能完成 5000 次运算。经过了半个世纪，由于集成电路技术、微电子学、信息存储技术、计算机语言和编程技术的发展，使计算机技术有了飞速的发展。今天的计算机小巧玲珑，可以摆在一张计算机桌上，它的重量只有最早计算机的万分之一，但运算速度却远远超过了第一代电子计算机。如果采用纳米技术来构筑电子计算机的器件，那么这种未来的计算机将是一种"分子计算机"，其袖珍的程度又远非今天的计算机可比，而且在节约材料和能源上也将给社会带来十分可观的效益。可以从阅读硬盘上读卡机以及存储容量为芯片上千倍的纳米材料级存储器芯片都已投入生产。计算机在普遍采用纳米材料后，可以缩小成为"掌上电脑"。

（10）纳米碳管：1991 年，日本的专家研制出了一种称为"纳米碳管"的材料，它是由许多六边形的环状碳原子组合而成的一种管状物，也可以是由同轴的几根管状物套在一起组成的，这种单层和多层的管状物的两端常常都是封死的。这种由碳原子组成的管状物的直径和管长的尺寸都是纳米量级的，因此被称为纳米碳管。它的抗张强度比钢高出 100 倍，导电率比铜还要高。在空气中将纳米碳管加热到 700 ℃ 左右，使管子顶部封口处的碳原子因被氧化而破坏，成了开口的纳米碳管。然后用电子束将低熔点金属（如铅）蒸发后凝聚在开口的纳米碳管上，由于虹吸作用，金属便进入纳米碳管中空的芯部。由于纳米碳管的直径极小，因此管内形成的金属丝也特别细，被称为纳米丝，它产生的尺寸效应是具有超导性的。因此，纳米碳管加上纳米丝可能成为新型的超导体。

（11）家电：用纳米材料制成的纳米材料多功能塑料，具有抗菌、除味、防腐、抗老化、抗紫外线等作用，可用作电冰箱、空调外壳里的抗菌除味塑料。

（12）环境保护：环境科学领域将出现功能独特的纳米膜。这种膜能够探测到由化学和生物制剂造成的污染，并能够对这些制剂进行过滤，从而消除污染。

（13）纺织工业：在合成纤维树脂中添加纳米 SiO_2、纳米 ZnO、纳米复配粉体材料，经抽丝、织布，可制成杀菌、防霉、除臭和抗紫外线辐射的内衣和服装，可用于制造抗菌内衣、用品，可制得满足国防工业要求的抗紫外线辐射的功能纤维。

（14）机械工业：采用纳米材料技术对机械关键零部件进行金属表面纳米粉涂层处理，可以提高机械设备的耐磨性、硬度和使用寿命。

第三章　新能源材料

新能源和再生清洁能源技术是 21 世纪世界经济发展中最具有决定性影响的五个技术领域之一，新能源包括太阳能、生物质能、核能、风能、地热、海洋能等一次能源以及二次能源中的氢能，等等。新能源材料则是指实现新能源的转化和利用以及发展新能源技术中所要用到的关键材料。主要包括以储氢电极合金材料为代表的镍氢电池材料、以嵌锂碳负极和 $LiCoO_2$ 正极为代表的锂离子电池材料、燃料电池材料、以 Si 半导体材料为代表的太阳能电池材料以及以铀、氘、氚为代表的反应堆核能材料，等等。当前的研究热点和技术前沿包括高能储氢材料、聚合物电池材料、中温固体氧化物燃料电池电解质材料、多晶薄膜太阳能电池材料等。

一、太阳能电池材料

1. 太阳能电池概述

太阳能是人类取之不尽用之不竭的可再生能源，也是清洁能源，不产生任何的环境污染。在太阳能的有效利用中，太阳能光电利用是近些年来发展最快、最具活力的研究领域，也是最受瞩目的项目之一。为此，人们研制和开发了太阳能电池。所谓太阳能电池是通过光电效应或者光化学效应直接把光能转化成电能的装置。制作太阳能电池主要是以半导体材料为基础，其工作原理是利用光电材料吸收光能后发生光电子转换反应，太阳光照在半导体 P - N 结上，形成新的空穴 - 电子对，样品对光子的本征吸收将产生光生载流子并引起光伏效应，在 P - N 结电场作用下，空穴由 n 区流向 p 区，电子由 p 区流向 n 区，形成光电势，接通电路后形成光电流。

　　太阳能电池材料发电是根据特定材料的光电性质制成的。物体（如太阳）辐射出不同波长（对应于不同频率）的电磁波，如红外线、紫外线、可见光，等等。当这些射线照射在不同导体或半导体上，光子与导体或半导体中的自由电子作用产生电流。射线的波长越短，频率越高，所具有的能量就越高，例如紫外线所具有的能量要远远高于红外线。但是并非所有波长的射线的能量都能转化为电能，值得注意的是光电效应与射线的强度大小无关，只有频率达到或超越可产生光电效应的阈值时，电流才能产生。能够使半导体产生光电效应的光的最大波长同该半导体的禁带宽度相关，譬如晶体硅的禁带宽度在室温下约为 1.155eV（电子伏特），因此必须波长小于 1100nm 的光线才可以使晶体硅产生光电效应。太阳电池发电是一种可再生的环保发电方式，发电过程中不会产生二氧化碳等温室气体，不会对环境造成污染。

　　2. 太阳能电池的基本特性及电池组件构成

　　太阳能电池的基本特性有太阳能电池的极性、太阳能电池的性能参数、太阳能电池的伏安特性三个基本特性。具体解释如下：

　　（1）太阳能电池的极性。硅太阳能电池的一般制成 P+/N 型结构或 N+/P 型结构，P+ 和 N+，表示太阳能电池正面光照层半导体材料的导电类型；N 和 P，表示太阳能电池背面衬底半导体材料的导电类型。太阳能电池的电性能与制造电池所用半导体材料的特性有关。

　　（2）太阳能电池的性能参数。太阳能电池的性能参数有开路电压、短路电流、最大输出功率、填充因子、转换效率，等等。这些参数是衡量太阳能电池性能好坏的标志。①开路电压：即将太阳能电池置于 AM1.5 光谱条件、$100mW/cm^2$ 的光源强度照射下，在两端开路时，太阳能电池的输出电压值。②短路电流：就是将太阳能电池置于 AM1.5 光谱条件、$100mW/cm^2$ 的光源强度照射下，在输出端短路时，流过太阳能电池两端的电流值。③最大输出功率：太阳能电池的工作电压和电流是随负载电阻而变化的，将不同阻值所对应的工作电压和电流值做成曲线就得到太阳能电池的伏安特性曲线。如果选择的负载电阻值能使输出电压和电流的乘积最大，即可获得最大输出功率。此时的工作电压和工作电流称为最佳工作电压和最佳工作电流。④填充因子：太阳能电池的另一个重要参数是填充因子，它是最大输出功率与开路电压和短路电流乘积之比。填充因子是衡量太阳能电池输出特性的重要指标，代表太阳能电池在带最佳负载时，能输出的最大功率的特性，其值越大表示太阳能电池的输出功率越大。串、并联电阻对填充因子有较大影响。串联电阻越大，短路电流下降越多，填充因子也随之减少得越多；并联电阻越小，其分电流就越大，导致开路电压下降得越多，填充因子随之就下降得越多。⑤转换效率：指在外部回路上连接最佳负载电阻时的最大能量转换效率，等于太阳能电池的输出功率与入射到太阳能电池表面的能量之比。太阳能电池的光电转换效率是衡量电池质量和技术水平的重要参数，它与电池的结构、特性、材料性质、工作温度、放射性粒子辐射损伤和环境变化等有关。

（3）太阳能电池的伏安特性。P–N结太阳能电池包含一个形成于表面的浅P–N结、一个条状及指状的正面欧姆接触、一个涵盖整个背部表面的背面欧姆接触以及一层在正面的抗反射层。当电池暴露于太阳光谱时，能量小于禁带宽度Eg的光子对电池输出并无贡献。能量大于禁带宽度Eg的光子才会对电池输出贡献能量Eg，大于Eg的能量则会以热的形式消耗掉。因此，在太阳能电池的设计和制造过程中，必须考虑这部分热量对电池稳定性、寿命等的影响。

太阳能电池组件构成及各部分功能如下：

（1）钢化玻璃。其作用为保护发电主体（如电池片），选用要求：①透光率必须高（一般91%以上）；②超白钢化处理。

（2）EVA。用来黏结固定钢化玻璃和发电主体（如电池片），透明EVA材质的优劣直接影响到组件的寿命，暴露在空气中的EVA易老化发黄，从而影响组件的透光率。影响组件的发电质量。除了EVA本身的质量外，组件厂家的层压工艺影响也是非常大的，如EVA胶黏度不达标，EVA与钢化玻璃、背板粘接强度不够，都会引起EVA提早老化，影响组件寿命。

（3）电池片。主要作用就是发电，市场上主流的电池片是晶体硅太阳能电池片、薄膜太阳能电池片，两者各有优劣。晶体硅太阳能电池片，设备成本相对较低，光电转换效率也高，在室外阳光下发电比较适宜，但消耗及电池片成本很高；薄膜太阳能电池，消耗和电池成本很低，弱光效应非常好，在普通灯光下也能发电，但相对设备成本较高，光电转化效率相对晶体硅电池片一半多点，如计算器上的太阳能电池。

（4）背板。作用是密封、绝缘、防水，一般都用TPT、TPE等材质，必须耐老化，大部分组件厂家都是保质25年，钢化玻璃，铝合金一般都没问题，关键就在于背板和硅胶是否能达到要求。

（5）铝合金保护层压件。起一定的密封、支撑作用。

（6）接线盒。保护整个发电系统，起到电流中转站的作用，如果组件短路接线盒自动断开短路电池串，防止烧坏整个系统，接线盒中最关键的是二极管的选用，根据组件内电池片的类型不同，对应的二极管也不相同。

（7）硅胶。起密封作用，用来密封组件与铝合金边框、组件与接线盒交界处。有些公司使用双面胶条、泡棉来替代硅胶。国内普遍使用硅胶，工艺简单，方便，易操作，而且成本很低。

3. 太阳能电池材料的分类

太阳能电池材料按在电池中的功能不同可将其分为：①p 型半导体材料；②n 型半导体材料；③电池封装材料等。

按化学组成不同又可分为：①硅材料；②多元无机化合物；③有机化合物等。

根据所用材料的不同，太阳能电池还可分为：①硅太阳能电池；②多元化合物薄膜太阳能电池；③聚合物多层修饰电极型太阳能电池；④纳米晶太阳能电池；⑤有机太阳能电池；⑥塑料太阳能电池等，其中，硅太阳能电池是发展最成熟的。目前在市场应用中居主导地位。各类太阳能电池材料及特性如表 3-1 所示。

表 3-1　各类太阳能电池材料及其特性比较

太阳能电池	材料	效率（%）	特性
硅太阳能电池	单晶硅	约 20	成本高
	多晶硅	小于 20	成本低于单晶硅
	非晶硅	约 12	成本低
化合物半导体太阳能电池	砷化镓（GaAs）	约 25	高效，易薄膜化，耐高温
	铜铟硒（CuInSe$_2$）系列	约 30	
	碲化镉（CdTe）系列	约 15	
有机半导体太阳能电池	聚合物等	约 10	易薄膜化，低成本

4. 单晶硅太阳能电池材料

在硅系列太阳能电池中，单晶硅太阳能电池转换效率最高，技术也最为成熟。高性能单晶硅电池是建立在高质量单晶硅材料和相关加工处理工艺基础上的。现在单晶硅的电池工艺已近成熟，在电池制作中，一般都采用表面织构化、发射区钝化、分区掺杂等技术，开发的电池主要有平面单晶硅电池和刻槽埋栅电极单晶硅电池。提高转化效率主要是靠单晶硅表面微结构处理和分区掺杂工艺。在此方面，德国费莱堡太阳能系统研究所保持着世界领先水平。该研究所采用光刻照相技术将电池表面织构化，制成倒金字塔结构，并在表面把约13nm厚的氧化物钝化层与两层减反射涂层相结合，通过改进了的电镀过程增加栅极的宽度和高度的比率。通过以上制得的电池转化效率超过23%，最大值达23.3%。Kyocera 公司制备的大面积（$225cm^2$）单电晶太阳能电池转换效率为 19.44%。国内北京太阳能研究所也积极进行高效晶体硅太阳能电池的研究和开发，研制的平面高效单晶硅电池（$2cm \times 2cm$）转换效率达到 19.79%，刻槽埋栅电极晶体硅电池（$5cm \times 5cm$）转换效率达 18.6%。单晶硅太阳能电池转换效率无疑是最高的，在大规模应用和工业生产中仍占据主导地位，但由于受单晶硅材料价格及相应的烦琐的电池工艺影响，致使单晶硅成本价格居高不下，要想大幅度降低其成本是非常困难的。为了节省高质量材料，寻找单晶硅电池的替代产品，现在发展了薄膜太阳能电池，其中多晶硅薄膜太阳能电池和非晶硅薄膜太阳能电池就是典型代表。

5. 多晶硅薄膜太阳能电池

通常的晶体硅太阳能电池是在厚度 $350 \sim 450 \mu m$ 的高质量硅片上制成的，这种硅片从提拉或浇铸的硅锭上锯割而成，因此，实际消耗的硅材料更多。为了节省材料，人们从 20 世纪 70 年代中期就开始在廉价衬底上沉积多晶硅薄膜，但由于生长的硅膜晶粒太小，未能制成有价值的太阳能电池。为了获得大尺寸晶粒的薄膜，人们一直没有停止过研究，并提出了很多方法。目前，制备多晶硅薄膜电池多采用化学气相沉积法，包括低压化学气相沉积（LPCVD）和等离子增强化学气相沉积（PECVD）工艺。此外，液相外延法（LPE）和溅射沉积法也可用来制备多晶硅薄膜电池。

化学气相沉积主要是以 SiH_2Cl_2、$SiHCl_3$、$SiCl_4$ 或 SiH_4 为反应气体，在一定的保护气氛下，反应生成硅原子并沉积在加热的衬底上，衬底材料一般选用 Si、SiO_2、Si_3N_4 等。但研究发现，在非硅衬底上很难形成较大的晶粒，并且容易在晶粒间形成空隙。解决这一问题的办法是先用 LPCVD 在衬底上沉积一层较薄的非晶硅层，再将这层非晶硅层退火，得到较大的晶粒，然后再在这层籽晶上沉积厚的多晶硅薄膜，因此，再结晶技术无疑是很重要的一个环节，目前采用的技术主要有固相结晶法和中区熔再结晶法。多晶硅薄膜电池除采用了再结晶工艺外，另外采用了几乎所有制备单晶硅太阳能电池的技术，这样制备的太阳能电池转换效率明显提高。德国费莱堡太阳能研究所采用中区熔再结晶技术在 FZSi 衬底上制备的多晶硅电池转换效率为 19%，日本三菱公司用该法制备电池,效率达 16.42%。液相外延法的原理是通过将硅熔融在母体里,降低温度析出硅膜。美国 Astropower 公司采用 LPE 制备的电池效率达 12.2%。中国光电发展技术中心的陈哲良采用液相外延法在冶金级硅片上研制出硅晶粒,并设计了一种类似于晶体硅薄膜太阳能电池的新型太阳能电池,称之为"硅粒"太阳能电池。多晶硅薄膜电池由于所使用的硅远较单晶硅少,又无效率衰退问题,并且有可能在廉价衬底材料上制备,其成本远低于单晶硅电池,而效率高于非晶硅薄膜电池。因此,多晶硅薄膜电池不久的将来会在太阳能电池市场上占据主导地位。

6. 非晶硅太阳能电池材料

开发太阳能电池的两个关键问题就是:提高转换效率和降低成本。由于非晶硅薄膜太阳能电池的成本低,便于大规模生产,所以普遍受到人们的重视并得到迅速发展。其实早在 20 世纪 70 年代初,Carlson 等就已经开始了对非晶硅电池的研制工作,近几年它的研制工作得到了迅速发展,目前世界上已有许多家公司在生产该种电池产品。

非晶硅作为太阳能材料尽管是一种很好的电池材料,但由于其光学带隙为 1.7eV,使得材料本身对太阳能辐射光谱的长波区域不敏感,这样一来就限制了非晶硅太阳能电池的转换效率。此外,其光电效率会随着光照时间的延续而衰减,即所谓的光致衰退 S - W 效应,使得电池性能不稳定。解决这些问题的途径就是制备叠层太阳能电池,叠层太阳能电池是由在制备的 p - i - n 层单结太阳能电池上再沉积一个或多个 p - i - n 子电池制备的。叠层太阳能电池提高转换效率、解决单结电池不稳定性的关键问题在于:①它把不同禁带宽度的材料组合在一起,提高了光谱的响应范围;②顶电池的 i 层较薄,光照产生的电场强度变化不大,保证 i 层中的光生载流子抽出;③底电池产生的载流子约为单电池的一半,光致衰退效应减小;④叠层太阳能电池各子电池是串联在一起的。

非晶硅薄膜太阳能电池的制备方法有很多,其中包括反应溅射法、PECVD 法、LPCVD 法等,反应原料气体为 H_2 稀释的 SiH_4,衬底主要为玻璃及不锈钢片,制成的非晶硅薄膜经过不同的电池工艺过程可分别制得单结电池和叠层太阳能电池。美国联合太阳能公司(VSSC)制备的单结太阳能电池最高转换效率为 9.3%,三带隙三叠层电池最高转换效率为 13%。

非晶硅太阳能电池由于具有较高的转换效率和较低的成本及重量轻等特点,有着极大的潜力。但同时由于它的稳定性不高,直接影响了它的实际应用。如果能进一步解决稳定性问题及提高转换率问题，那么，非晶硅太阳能电池无疑是太阳能电池的主要发展产品之一。

7. 多元无机化合物半导体太阳能电池材料

为了寻找单晶硅电池的替代品，人们除开发了单晶硅、多晶硅以及非晶硅薄膜太阳能电池外，又不断研制其他材料的太阳能电池。其中主要包括砷化镓Ⅲ－Ⅴ族化合物、硫化镉、硫化镉及铜铟硒薄膜电池等。上述电池中，尽管硫化镉、碲化镉多晶薄膜电池的效率较非晶硅薄膜太阳能电池效率高，成本较单晶硅电池低，并且也易于大规模生产，但由于镉有剧毒，会对环境造成严重的污染，因此，并不是晶体硅太阳能电池最理想的替代。

砷化镓化合物及铜铟硒薄膜电池由于具有较高的转换效率，因而受到人们的普遍重视。GaAs 属于Ⅲ－Ⅴ族化合物半导体材料，其能隙为 1.4eV，正好为高吸收率太阳光的值，因此，是很理想的电池材料。GaAs 等Ⅲ－Ⅴ化合物薄膜电池的制备主要采用金属气相外延和液相外延技术，其中气相外延方法制备的 GaAs 薄膜电池受衬底位错、反应压力、总流量等诸多参数的影响。除 GaAs 外，其他Ⅲ－Ⅴ族化合物如 GaSb、GaInP 等电池材料也得到了开发。德国费莱堡太阳能系统研究所首次制备的 GaInP 电池转换效率为 14.7%。另外，该研究所还采用堆叠结构制备 GaAs，GaSb 电池，该电池是将两个独立的电池堆叠在一起，GaAs 作为上电池，下电池用的是 GaSb，所得到的电池效率达到 31.1%。

铜铟硒（$CuInSe_2$ 简称 CIS）材料的能降为 1.1eV，适合太阳光的光电转换，另外，CIS 薄膜太阳能电池不存在光致衰退问题。因此，CIS 用作高转换效率薄膜太阳能电池材料也引起了人们的注意。CIS 电池薄膜的制备主要有真空蒸镀法和硒化法。真空蒸镀法是采用各自的蒸发源蒸镀铜、铟和硒；硒化法是使用 H_2Se 叠层膜硒化，但该方法难以得到组成均匀的 CIS。CIS 薄膜电池从 20 世纪 80 年代最初的 8% 转换效率发展到目前的 15% 左右。日本松下电气工业公司开发的掺镓的 CIS 电池，其光电转换效率为 15.3%（面积 $1cm^2$）。CIS 作为太阳能电池的半导体材料，具有价格低廉、性能良好和工艺简单等优点，将成为今后发展太阳能电池的一个重要方向。其主要的问题是材料的来源，由于铟和硒都是比较稀有的元素，因此，这类电池的发展又必然受到限制。

8. 有机化合物半导体太阳能电池材料

在太阳能电池中以聚合物代替无机材料是太阳能电池制备的又一重要研究方向。其原理是利用不同氧化还原型聚合物的不同氧化还原电势，在导电材料

（电极）表面进行多层复合，制成类似无机 P – N 结的单向导电装置。其中一个电极的内层由还原电位较低的聚合物修饰，外层聚合物的还原电位较高，电子转移方向只能由内层向外层转移；另一个电极的修饰正好相反，并且第一个电极上两种聚合物的还原电位均高于后者的两种聚合物的还原电位。当两个修饰电极放入含有光敏化剂的电解液中时，光敏化剂吸光后产生的电子转移到还原电位较低的电极上，还原电位较低电极上积累的电子不能向外层聚合物转移，只能通过外电路通过还原电位较高的电极回到电解液，因此外电路中有光电流产生。

由于有机材料具有柔性好，制作容易，材料来源广泛，成本低等优势，从而对大规模利用太阳能，提供廉价电能具有重要意义。但以有机材料制备太阳能电池的研究仅仅刚开始，不论是使用寿命，还是电池效率都不能和无机材料特别是硅电池相比。能否发展成为具有实用意义的产品，还有待于进一步研究探索。

9. 染料敏化纳米晶太阳能电池材料

染料敏化纳米晶太阳能电池主要是模仿光合作用原理，研制出来的一种新型太阳电池，其主要优势是：原材料丰富、成本低、工艺技术相对简单，在大面积工业化生产中具有较大的优势，同时所有原材料和生产工艺都是无毒、无污染的，部分材料可以得到充分的回收，对保护人类环境具有重要的意义。自从 1991 年瑞士洛桑高工（EPFL）M. Grtzel 教授领导的研究小组在该技术上取得突破以来，欧、美、日等发达国家投入大量资金研发。

染料敏化太阳能电池的研究历史可以追溯到 19 世纪早期的照相术。1837 年，Daguerre 研制出世界上第一张照片。两年后，F. Talbot 将卤化银用于照片制作，但是由于卤化银的禁带宽度较大，无法响应长波可见光，所以相片质量并没有得到很大的提高。1883 年，德国光电化学专家 Vogel 发现有机染料能使卤化银乳状液对更长的波长敏感，这是对染料敏化效应的最早报道。使用有机染料分子可以扩展卤化银照相软片对可见光的响应范围到红光甚至红外波段，这使得"全色"宽谱黑白胶片乃至现在的彩色胶片成为可能。1887 年，Moser 将这种染料敏化效应应用到卤化银电极上，从而将染料敏化的概念从照相术领域延伸到光电化学领域。1964 年，Namba 和 Hishiki 发现同一种染料对照相术和光电化学都很有效。这是染料敏化领域的重要事件，只是当时不能确定其机理，即不确定敏化到底是通过电子的转移还是通过能量的转移来实现的。直到

20 世纪 60 年代，德国的 Tributsch 发现了染料吸附在半导体上并在一定条件下产生电流的机理，才使人们认识到光照下电子从染料的基态跃迁到激发态后继而注入半导体的导带的光电子转移是造成上述现象的根本原因。这为光电化学电池的研究奠定了基础。但是由于当时的光电化学电池采用的是致密半导体膜，染料只能在膜的表面单层吸附，而单层染料只能吸收很少的太阳光，多层染料又阻碍了电子的传输，因此光电转换效率很低，达不到应用水平。后来人们制备了分散的颗粒或表面积很大的电极来增加染料的吸附量，但一直没有取得非常理想的效果。1988 年，Groaumltzel 小组用基于 Ru 的染料敏化粗糙因子为 200 的多晶二氧化钛薄膜，用 Br_2/Br——氧化还原电对制备了太阳能电池，在单色光下取得了 12% 的转化效率，这在当时是最好的结果了。直到 1991 年，Groaumltzel 应用比表面积很大的纳米 TiO_2 颗粒，使电池的效率一举达到 7.9%，取得了染料敏化太阳能电池领域的重大突破。应当说，纳米技术促进了染料敏化太阳能电池的发展。

通过近 20 年的研究与优化，染料敏化太阳能电池的效率已经超过了 11%。这种电池的突出优点是高效率、低成本、制备简单，因此有望成为传统硅基太阳能电池的有力竞争者。

二、镍氢二次电池材料

1. 镍氢二次电池概述

镍金属氢化物二次电池（简称镍氢二次电池或 MH – Ni 电池）是一种绿色高能二次电池。其工作原理是：它以储氢合金作负极活性材料，$Ni(OH)_2$ 为正极活性材料，碱性水溶液作电介质。充电时，在外电流的作用下，正极 $Ni(OH)_2$ 脱出 H^+，Ni^{2+} 氧化成为 Ni^{3+}，$Ni(OH)_2$ 转变成为 $NiOOH$，脱出的 H^+ 通过电解质溶液进入负极与电子结合成为氢原子，并与储氢合金结合成为金属氢化物。放电时，金属氢化物中的氢原子释放出电子转变为 H^+ 并从金属氢化物脱出，脱出的 H^+ 通过电解质溶液进入正极与 $NiOOH$ 反应形成 $Ni(OH)_2$。由镍金属氢化物二次电池的工作原理可以看出，在充放电过程中，电极材料本身不发生任何溶解和沉积过程，因此电极的正负极都具有较高的结构稳定性，且不容易产生枝晶。同时，电解液在电池充放电过程中也无组分的额外生成和消耗，电解液的浓度不变，因此镍金属氢化物二次电池无须维护且可以实现密闭化。此外，电池过充时，金属氢化物电极可以将正极上析出的氧气还原成水；而电池过放时，金属氧化物又可将正极上析出的氢气吸收，因此镍金属氧化物二次电池具有良好的抗过充过放能力。

早在 20 世纪 70 年代初以前，荷兰 Philips 实验室的 Vucht 等和美国 Brookhaven 实验室的 Reilly 等就已经发现 LaNi$_5$、FeTi 与 Mg$_2$Ni 等合金能够可逆的吸放氢。1970 年，德国的 Justi 和 Ewe 发现 Ti－Ni 系氢合金在碱性电介质中可以可逆地电化学吸放氧。1974 年，以 LaNi$_5$ 合金为负极材料的镍金属氧化物电池由 COMSAT 实验室成功研制，这有着极大的理论意义，但是其综合电化学性能（包括放电容量、循环稳定性等）很差，远远不能满足实用化的要求。直到 20 世纪 80 年代，对金属氢化物二次电池的研究才取得了突破性进展，Philips 实验室的 Willems 采用合金化方法大幅度提高了 LaNi$_5$ 合金的循环稳定性，从此，以 LaNi$_5$ 型合金为负极材料的镍金属氢化物二次电池进入了实用化和产业化阶段。各国均为镍金属氢化物二次电池的大规模商业化应用投入了大量的人力和资源，其中以日本发展最快，日本电池厂商在 20 世纪 90 年代初，占据了全球近 90% 的二次电池市场。虽然我国在镍金属氢化物二次电池方面的研究要晚于发达国家开展，但是发展十分迅速。1990 年，我国成功研制出 AA 型镍金属氢化物二次电池，2000 年，我国生产小型镍金属氢化物二次电池达 3 亿只，生产储氢合金将近 3000 吨。时至今日，我国已超过日本成为世界第一大镍金属氢化物二次电池生产基地。

2. 正极材料

镍氢二次电池的正极活性材料为 Ni（OH）$_2$。Ni（OH）$_2$ 有 α、β 两种晶型。α－Ni（OH）$_2$ 是层间含有水分子的 Ni（OH）$_2$，其晶体结构属于六方晶系；β－Ni（OH）$_2$ 不含层间水，其晶体结构也属于六方晶系。α－Ni（OH）$_2$ 在碱性溶液中不稳定，结晶度较低的 α－Ni（OH）$_2$ 在碱性溶液中陈化会转变为 β－Ni（OH）$_2$。在充放电过程中，不同晶型的 Ni（OH）$_2$ 与 NiOOH 之间会发生对应的结构转变。Ni（OH）$_2$ 和 NiOOH 之间有两个可逆体系，即 β－Ni（OH）$_2$/β－NiOOH 体系和 α－Ni（OH）$_2$/γ－NiOOH 体系。到目前为止，研究较多的是 β－Ni（OH）$_2$/β－NiOOH 体系。该体系在充放电过程中体积变化较小，具有较好的体积稳定性和良好的电化学性能，因此，目前 β－Ni（OH）$_2$ 在镍氢电池中被广泛使用。该体系的缺点是充电后期析氧严重，充电效率低，并且过充时生成的 γ－NiOOH 会导致电极的膨胀，引起活性物质脱落，影响电池寿命。此外，β－Ni（OH）$_2$/β－NiOOH 体系在电化学氧化—还原过程中只有一个电子转移，理论容量较低。$\alpha - Ni(OH)_2 / \gamma - NiOOH$ 体系的理论容量较高。虽然 $\alpha - Ni(OH)_2$ 在碱性溶液中不稳定，但掺杂 $\alpha - Ni(OH)_2$ 在碱性溶液中却具有良好的稳定性。掺杂 $\alpha - Ni(OH)_2$ 的出现，给镍氢电池的发展带来了希望，目前已经成为一个比较热门的研究方向，引起了人们的重视。

3. 负极材料

镍氢二次电池的负极活性材料主要为储氢合金材料。用作镍氢二次电池负极活性材料的储氢合金应满足以下条件：①电化学储氢容量高，在较宽的温度范围内不会发生太大的变化；②抗氧化能力强，在氢的阳极氧化电位范围内，储氢合金具有较强的抗阳极氧化能力；③催化活性高，反应阻力（氢过电压）小，氢扩散速率大，电极反应的可逆性好，初期活化所需次数少；④在碱性电解质溶液中化学稳定性好，合金组分的化学性质相对稳定；⑤反复充放电过程中合金不易粉化，制成的电极能保持形状稳定，寿命长；⑥具有良好的电、热传导性；⑦原材料成本低廉。

三、锂离子电池材料

1. 锂离子电池概述

锂离子二次电池作为一种重要的能源储存与转化装置，凭借其电压高、能量密度大、循环寿命长、大电流放电性能好以及无污染等优势，在移动电话、笔记本电脑、照相机、电动汽车等领域得到广泛应用。特别是在电动汽车领域的应用，由锂离子二次电池作为动力能源装置的电动汽车、电动自行车等交通工具，能够有效地降低石油的使用，是目前解决燃油汽车带来的能源问题和环境问题的重要途径。但是，受到动力电池的限制，这些新型的交通工具都存在着行驶路程较短、价格较高以及不够安全等一系列问题。因此，如何满足电动汽车对锂离子二次电池大电流放电、寿命长、安全性等要求，成为人们研究锂离子电池的主要内容。

锂离子电池是一种充电电池，它主要依靠锂离子在正极和负极之间移动来工作。在充放电过程中，锂离子（Li^+）在两个电极之间往返嵌入和脱嵌：充电时，Li^+ 从正极脱嵌，经过电解质嵌入负极，负极处于富锂状态；放电时则相反。一般采用含有锂元素的材料作为电池的电极。在所有金属中，金属锂的电极电位最低（$-3.05V$），放电容量最大（$3860mAh/g$），因此选用金属锂作为负极，可以获得高电压和高比能量的电池。早期的锂电池是指锂一次电池，它的研究开始于 20 世纪 50 年代，从 20 世纪 70 年代开始实用化，是由日本松下公司最早生产得到的 Li/（CF）n 电池。后来发现以二氧化锰为正极组成的锂一次电池性能更好，广泛应用于军事和民用电器如手表、相机、计算器等。由于锂电池自身的优越性，人们开始研究将它制成可充电电池，即锂二次电池。它是以金属锂作为负极，以具有层状结构的硫化物（如 TiS_2）为正极制备而成。由于金属锂会与电解液中的少量水分反应，在锂表面会生成 SEI 膜，对金属锂起保护作用。但在充放电过程中，金属锂负极容易形成锂枝晶，刺穿电池隔膜与正极接触，引起电池短路，使电池的安全性能变差。1978 年，Armand 提出"摇椅式锂离子二次电池"的概念，即采用两种不同嵌入化合物作为正负极，让锂离子在充放电过程中进行脱嵌循环。1980 年年初，牛津大学 Goodendugh 等人提出以 $LiCoO_2$、$LiNiO_2$、$LiMn_2O_4$ 作为正极材料，开始了对锂离子二次电池正极材料的研究工作。1991 年，日本索尼公司研制出以石油焦为负极、$LiCoO_2$ 为正极的锂离子二次电池，并实现商业化。

从铅酸电池、镍镉电池、镍氢电池到锂离子电池，电池已经发展了 100 多年。由于能源问题和环境问题的影响，锂离子电池正逐步取代传统有污染电池，并成为当今时代电池发展的必然趋势。目前，我国的锂离子电池产业发展迅速，在生产总量方面仅次于日本，位居世界第二。同时，由于中国市场增长的空间非常大，电池厂商纷纷建立工厂，锂电行业正迅猛发展。特别是随着电动汽车领域的进一步发展，具有大电流、循环寿命长的磷酸铁锂正极材料将具有很大的发展前景。

2. 锂离子电池的特点

锂离子电池作为一种新型电池，与镍镉电池、镍氢电池相比，它具有以下几个优点：

（1）工作电压高。锂离子电池的工作电压为 3.6V，是镍镉或镍氢电池的 3 倍。当需要串联电池组以达到某一工作电压时，锂离子电池的使用就可以大幅度减少串联电池的数量。

（2）高能量密度。锂离子电池能量密度是镍镉电池的 3 倍、镍氢电池的 1.5 倍；在同等容量下锂离子电池的重量轻，其体积比能量分别是镍镉电池的 2 倍和镍氢电池的 1.5 倍。

（3）充放电寿命长。锂离子电池充放电循环次数高达 1000 次，是镍镉、镍氢电池的 2 倍，主要是锂离子电池充放电的可逆性很好，因此具有长期使用的经济性。

（4）自放电率低。锂离子电池的月自放电率只有 6% ~ 9%，即在 20℃ ±5℃ 下，以开路形式储存 30 天后，电池的常温放电容量依然不低于额定容量的 90%。而镍镉、镍氢电池的自放电率高达 30%，容量衰减很快。

（5）无记忆效应。与镍镉、镍氢电池相比，锂离子电池不存在记忆效应，可随时反复充、放电使用，而不影响其放电比容量和循环性能。

（6）无污染。锂离子电池不论在生产、使用和报废过程中，都不含有或产生镉、铅等有害物质，是一种清洁的绿色能源。

尽管锂离子电池具有以上各种优点，但锂离子电池仍然存在着以下不足：

（1）原料成本高。大部分电极材料所需的原料价格相对昂贵，主要是正极材料 $LiCoO_2$ 的价格高，随着正极材料的发展，采用 $LiMn_2O_4$、$LiFePO_4$ 等为正极材料，有望能降低原料成本。

（2）需要保护电路。在锂离子电池工作时，如果充电电流过大会使温度过高，导致电池损坏甚至引起爆炸，因此，必须有特殊的保护电路来控制电流的大小。

（3）使用限制。与普通电池的相容性差，一般在使用 3 节普通电池（3.6V）的情况下，才能用锂离子电池来替代。

3. 正极材料

锂离子电池正极材料要求具有以下基本特征：①嵌锂电位高，以保证电池较高的工作电压；②分子量小、嵌锂量大，以保证电池有较高的放电容量；③锂离子的嵌入、脱出过程高度可逆且结构变化小，以保证电池有较长的循环寿命；④具有较高的电子电导率和离子电导率，以减少极化并能进行大电流充放电；⑤化学稳定性好，与电解质有优良的相容性；⑥原料易得，价格便宜；⑦制备工艺简单；⑧对环境友好。

主要的锂离子电池正极材料有：

（1）嵌锂过渡金属氧化物，是最重要的一类正极材料，其中包括：目前已经在锂离子电池规模化生产中广泛应用的正极材料钴酸锂，正被广泛研究并已在电池中试用的尖晶石型锰酸锂、掺杂镍酸锂、镍钴锰酸锂和磷酸亚铁锂，等等。其中钴酸锂具有比容量较高、放电电压平稳、循环性能好、制备工艺简单和电化学性能稳定等优点。目前，绝大部分的商业锂离子电池仍然以钴酸锂作为正极材料。主要缺点是其合成所需的钴资源缺乏，价格昂贵，而且毒性较大。

（2）金属硫化物，作为锂离子电池正极材料虽然具有能量密度高、造价低、无污染等优点，如硫化锑、硫化钼和硫化铜等都具有良好的嵌、脱锂性能和循环性能，但这类材料的嵌、脱锂电位较金属氧化物的低，在低温条件下的电化学反应速度慢，材料的倍率充放电性能不理想。虽然20世纪80年代曾经一度引起了人们的关注，但近年来的研究进展缓慢。

（3）其他正极材料。V_2O_5 和 V_2MoO_8 等都有人做过研究，其平均放电电压为2.5V左右，低于钴酸锂和锰酸锂的放电电压。因为存在容量衰减问题，这些材料没有从大规模发展的角度进行研究。近几年来，有人趋向于研制平均工作电压在5V范围的高电位正极材料。这些材料一般是置换型尖晶石锰酸锂和具有反尖晶石结构的 $LiNiVO_4$，置换量非常高，可达50%。这些高电位正极材料可以用电位相对较高的负极材料与其配对组成电池而不明显降低电池的整体电压，因而具有重要的实际意义。但是，要用好这些材料还要有能承受高氧化还原电位的电解质的支持，目前，这些材料的实际应用还存在安全和容量保持等问题。纳米材料用作锂离子电池正极材料也有一些报道，如纳米硫化铜、纳米尖晶石锰酸锂、钡镁锰矿型二氧化锰纳米纤维、聚吡咯包覆尖晶石型锰酸锂纳米线、聚吡咯/ V_2O_5 纳米复合材料，等等。

4. 负极材料

用作锂离子电池的负极材料应满足以下要求：①嵌、脱锂电位低而平稳，以保证电池有高而平稳的工作电压；②嵌、脱锂容量大，以保证电池有较大的充放电容量；③嵌、脱锂过程中结构稳定且不可逆容量小，以保证电池具有良好的循环性能；④电子电导率和离子电导率高，以减少极化并能进行大电流充放电；⑤化学稳定性好，与电解质有优良的相容性，以保证电池具有较长的使用寿命；⑥原料易得，价格便宜；⑦制备工艺简单，生产成本低；⑧无毒，对环境友好。

二次锂离子电池的负极材料经历了从金属锂到锂合金、碳材料、氧化物，再到纳米合金的发展过程。目前，已实际用于锂离子电池的负极材料基本上都是碳素材料，如人工石墨、天然石墨、中间相碳微珠（MCMB）、石油焦、碳纤维、树脂热解炭，等等。

（1）金属锂负极材料。锂是重量最轻、标准电极电位最低的金属，是比容量最高的负极材料。锂异常活泼，能与很多无机物和有机物产生反应。在一次电池中，锂电极与有机电解质溶液产生反应，在其表面形成一层钝化膜。这层钝化膜能阻止反应的进一步发生，使金属锂稳定存在。这是一次锂电池得以商品化的基础。对于二次锂电池，在充电过程中，锂将重新回到负极，沉积在负极表面。新沉积的锂由于没有钝化膜保护，其中一部分将与电解质反应并被反应物包裹，与负极失去接触，成为弥散态的锂，使得电池容量不断减小。另外，充电时，新沉积的锂会在负极表面形成锂枝晶，造成电池短路，使电池被毁，甚至爆炸起火。因此，金属锂负极材料仅在一次锂电池中得以应用，二次锂负极电池至今没有实现商业化。

（2）锂合金负极材料。为了克服金属锂负极安全性和循环性差的缺点，人们研制了各种锂合金以替代金属锂负极。这些锂合金包括 LiPb、LiAl，等等。采用锂合金作为负极材料，避免了枝晶的生长，提高了电池的安全性，但是，锂合金在锂脱、嵌的过程中，体积变化很大，容易造成材料的粉化失效，电池的循环性能很差。

（3）碳负极材料。用碳取代金属锂或锂合金做负极材料，在充放电过程中不会形成锂枝晶，大大提高了电池的安全性和循环性能。根据碳材料的石墨化难易程度，可以将其分为石墨、硬碳和软碳三类。硬碳是在很高的温度下进行热处理也不能石墨化的碳；软碳是通过热处理容易转变成为石墨的碳。用作锂离子电池负极材料的碳材料主要是石墨和硬碳。

（4）氧化物负极材料。主要包括过渡金属氧化物和锡的氧化物及非晶态铝基复合氧化物，这些材料的晶体结构能够保持高度的稳定，使其具有优良的循环性能和平稳的放电电压，而且具有相当高的电极电位。此外还有氮化物负极材料、硫化物负极材料以及锂离子电池负极材料研究的新领域纳米负极材料，目前主要是通过研究和制备纳米碳材料、纳米碳基复合材料、碳纳米管、纳米合金以及在碳材料中形成纳米级空穴与通道，提高锂在这些材料中的嵌入、脱出量或改善材料的循环性能。

5. 电解质材料

电解质是电池的重要组成部分，在电池正负极之间起着输送和传导电流的作用，是连接正负极材料的桥梁。不仅如此，电解质的选择在很大程度上决定着电池的工作机制，影响着电池的比能量、安全性、循环性能、倍率充放电性能、储存性能和造价，等等。用于锂离子电池的电解质应当满足以下基本要求：①在较宽的温度范围内离子导电率高，锂离子迁移数大，以减少电池在充放电过程中的浓差极化；②热稳定性好，以保证电池在合适的温度范围内操作；③电化学窗口宽，最好有 0～5V 的电化学稳定窗口，以保证电解质在两极不发生显著的副反应，满足在电化学过程中电极反应的单一性；④代替隔膜使用时，还要具有良好的力学性能和可加工性能；⑤制造成本低；⑥安全性好，闪点高或不燃烧；⑦无毒无污染，不会对环境造成危害。

　　根据电解质的存在状态可将锂离子电池电解质分为液体电解质、固体电解质和固液复合电解质。液体电解质包括有机液体电解质和室温离子液体电解质；固体电解质包括固体聚合物电解质和无机固体电解质；而固液复合电解质则是固体聚合物和液体电解质复合而成的凝胶电解质。

　　6. 隔膜材料

　　隔膜是锂离子电池的重要组成部分，能够在有效地阻止正负极之间连接的基础上减小正负极之间的距离，降低电池的阻抗。锂离子电池的隔膜材料主要是多孔性聚烯烃，如聚丙烯隔膜和后来出现的聚乙烯膜以及乙烯与丙烯的共聚物等，这些材料都具有较高的孔隙率、较低的电阻、较高的抗撕裂强度、较好的抗酸碱能力、良好的弹性及对非质子溶剂的保持能力。

　　决定隔膜性能的主要指标有隔膜的厚度、力学性能、孔隙率、透气率、孔径大小及其分布、热熔性及自关闭性能，等等。隔膜越薄，溶剂化锂离子穿越时遇到的阻力越小，离子传导性越好，阻抗越低。但隔膜太薄时，其保液能力和电子绝缘性降低，也会对电池性能产生不利的影响。目前，实际使用的隔膜的厚度通常在 25～35μm。隔膜的热熔性也是特别重要的性能指标，因为它是锂离子电池安全性的重要保障。锂离子电池由于滥用等原因出现自热和电解液的氧化等，电池的温度急剧升高，成为锂离子电池的安全隐患。要消除这种隐患，隔膜必须能够在要求的温度下熔融使得微孔闭合，变成无孔的离子绝缘层，使电池中断，防止由于温度的持续升高而引起的电池燃烧甚至爆炸，这就是隔膜的自关闭现象。

四、燃料电池材料

　　1. 燃料电池概述

　　燃料电池是一种将存在于燃料与氧化剂中的化学能直接转化为电能的发电装置。燃料和空气分别送进燃料电池，电就被奇妙地生产出来。燃料电池其原理是一种电化学装置，其组成与一般电池相同。其单体电池是由正负两个电极

（负极即燃料电极和正极即氧化剂电极）以及电解质组成，像一个蓄电池。不同的是一般电池的活性物质储存在电池内部，因此，限制了电池容量。而燃料电池的正、负极本身不包含活性物质，只是个催化转换元件，因此燃料电池是名副其实的把化学能转化为电能的能量转换机器。电池工作时，燃料和氧化剂由外部供给，进行反应。原则上只要反应物不断输入，反应产物不断排除，燃料电池就能连续地发电。因而，燃料电池不能"储电"而是一个"发电厂"。

燃料电池的发展历史较长，1839 年，英国的 Grove 发明了燃料电池，并用这种以铂黑为电极催化剂的简单的氢氧燃料电池点亮了伦敦讲演厅的照明灯。1889 年，Mood 和 Langer 首先采用了燃料电池这一名称，并获得 $200mA/m^2$ 电流密度。经过一个多世纪的发展，燃料电池已经发展出多种类型。根据电解质的不同，可以将燃料电池分为碱性燃料电池（AFC）、磷酸燃料电池（PAFC）、熔融碳酸盐燃料电池（MCFC）、质子交换膜燃料电池（PEMFC）和固体氧化物燃料电池（SOFC）。

燃料电池用途广泛，既可应用于军事、空间、发电厂领域，也可应用于电动车、移动设备、居民家庭等领域。早期燃料电池发展焦点集中在军事空间等专业应用以及千瓦级以上分散式发电上。电动车领域成为燃料电池应用的主要方向，市场上已有多种采用燃料电池发电的自动车出现。另外，透过小型化的技术将燃料电池运用于一般消费型电子产品也是应用发展方向之一，在技术的进步下，未来小型化的燃料电池将可用以取代现有的锂电池或镍氢电池等高价值产品，作为用于笔记本电脑、无线电电话、录像机、照相机等携带型电子产品的电源。近 20 多年来，燃料电池的研究和应用正以极快的速度在发展。在所有燃料电池中，碱性燃料电池（AFC）发展速度最快，主要为空间任务，包括为航天飞机提供动力和饮用水；质子交换膜燃料电池（PEMFC）已广泛作为交通动力和小型电源装置来应用；磷酸燃料电池（PAFC）作为中型电源应用进入了商业化阶段，是民用燃料电池的首选；熔融碳酸盐型燃料电池（MCFC）也已完成工业试验阶段；起步较晚的固体氧化物燃料电池（SOFC）作为发电领域最有应用前景的燃料电池，是未来大规模清洁发电站的优选对象。多年来，人们一直在努力寻找既有较高的能源利用效率又不污染环境的能源利用方式，而燃料电池就是比较理想的发电技术。燃料电池十分复杂，涉及化学热力学、电化学、电催化、材料科学、电力系统及自动控制等众多学科的相关理论，具有发电效率高、环境污染少等优点。

2. 燃料电池的特点

在科技手段中，尚没有一项能源生成技术能如燃料电池一样将诸多优点集合于一身。燃料电池主要有以下的优势：

(1) 能源安全性。自 1970 年的石油危机后，各大工业国对石油的依赖仍有增无减，而且主要靠石油输出国的供应。美国载客车辆每日可消耗约 600 万桶油，占油料进口量的 85%。若有 20% 的车辆采用燃料电池来驱动，每日便可省下 120 万桶油。

(2) 国防安全性。燃料电池发电设备具有散布性的特质，它可让地区摆脱中央发电站式的电力输配架构。长距离、高电压的输电网络易成为军事行动的攻击目标。燃料电池设备可集中也可分散性配置，进而降低了敌人欲瘫痪国家供电系统的风险。

(3) 高可靠度供电。燃料电池可架构于输配电网络之上作为备援电力，也可独立于电力网之外。在特殊的场合下，模块化的设置（串联安装几个完全相同的电池组系统以达到所需的电力）可提供极高的稳定性。

(4) 燃料多样性。在现代种类繁多的电池中，虽然仍以氢气为主要燃料，但配备燃料转化器（或译重组器，fuel reformer）的电池系统可以从碳氢化合物或醇类燃料中萃取出氢元素来利用。此外，如垃圾掩埋场、废水处理厂中厌氧微生物分解产生的沼气也是燃料的一大来源。利用自然界的太阳能及风力等可再生能源提供的电力，可用来将水电解产生氢气，再供给至燃料电池，如此亦可将水看成是未经转化的燃料，实现完全零排放的能源系统。只要不停地供燃料给电池，它就可不断地产生电力。

(5) 高效能。由于燃料电池的原理系经由化学能直接转换为电能，而非产生大量废气与废热的燃烧作用，现今利用碳氢燃料的发电系统电能的转换效率可达 40% ~ 50%；直接使用氢气的系统效率更可超过 50%；发电设施若与燃气涡轮机并用，则整体效率可超过 60%；若再将电池排放的废热加以回收利用，则燃料能量的利用率可超过 85%。用于车辆的燃料电池其能量转换率约为传统内燃机的 3 倍以上，内燃引擎的热效率在 10% ~ 20% 之间。

(6) 环境亲和性。科学家们已认定空气污染是造成心血管疾病、气喘及癌症的元凶之一。最近的健康研究显示，市区污染性的空气对健康的威胁如同吸入二手烟。燃料电池运用能源的方式大幅优于燃油动力机排放大量危害性废气的方式，其排放物大部分是水分。某些燃料电池虽亦排放二氧化碳，但其含量远低于汽油的排放量（约为其1/6）。燃料电池发电设备产生1000KW·h的电能，排放的污染性气体少于1oz；而传统燃油发电机则会产生11.34kg重的污染物。因此，燃料电池不仅可改善空气污染的情况，甚至可能给人类未来一片洁净的天空。

（7）可弹性设置、用途广。燃料电池的迷人之处在于其多样性。除了前述的集中分散两相宜的特点外，它还具有缩放性。利用黄光微影技术可制作微型化的燃料电池；利用模块式堆栈配置可将供电量放大至所需的输出功率。单一发电元所产生的电压约为0.7V，刚好能点亮一盏灯。将发电元予以串联，便构成燃料电池组，其电压则增加为0.7V乘以串联的发电元个数。

燃料电池的劣势主要是价格和技术上存在一些瓶颈，摘录如下：

（1）燃料电池造价偏高。车用PEMFC的成本中质子交换隔膜（USD300/m²）约占成本的35%；铂触媒约占40%，两者均为贵重材料。

（2）反应、启动性能。燃料电池的启动速度尚不及内燃机引擎。反应性可借增加电极活性、提高操作温度及反应控制参数来达到，但提高稳定性则必须避免副反应的发生，反应性与稳定性常是鱼与熊掌不可兼得。

（3）碳氢燃料无法直接利用。除甲醇外，其他的碳氢化合物燃料均需经过转化器、一氧化碳氧化器处理产生纯氢气后，方可供给燃料电池利用，这些设备亦增加燃料电池系统的投资额。

（4）氢气储存技术。燃料电池的氢燃料是以压缩氢气为主，车体的载运量因而受限，每次充填量仅2.5~3.5kg，尚不足以满足现今汽车单程可跑480~650km的续航力。以-253℃保持氢的液态氢系统虽已测试成功，但却有重大的缺陷：约有1/3的电能必须用来维持槽体的低温，使氢维持于液态，且从隙缝蒸发而流失的氢气约为总存量的5%。

（5）氢燃料基础建设不足。氢气在工业界虽已使用多年且具经济规模，但全世界充氢站仅约70座，仍处于示范推广阶段。此外，加气时间颇长，约需时5分钟，尚跟不上工商时代的步伐。

3. 燃料电池的分类及性能

按其工作温度的不同，将碱性燃料电池（AFC，工作温度为100℃）、固体高分子型质子膜燃料电池（PEMFC，也称为质子膜燃料电池，工作温度为100℃以内）和磷酸型燃料电池（PAFC，工作温度为200℃）称为低温燃料电池；把熔融碳酸盐型燃料电池（MCFC，工作温度为650℃）和固体氧化型燃

料电池（SOFC，工作温度为1000℃）称为高温燃料电池，并且高温燃料电池
又被称为面向高质量排气而进行联合开发的燃料电池。另一种分类是按其开发
早晚顺序进行的，把PAFC称为第一代燃料电池，把MCFC称为第二代燃料电
池，把SOFC称为第三代燃料电池。这些电池均需用可燃气体作为其发电用的
燃料。按燃料的处理方式的不同，燃料电池又可分为直接式、间接式和再生
式。直接式燃料电池按温度的不同又可分为低温、中温和高温三种类型；间接
式的包括重整式燃料电池和生物燃料电池；再生式燃料电池中有光、电、热、
放射化学燃料电池，等等。按照电解质类型的不同，燃料电池又可分为碱型、
磷酸型、聚合物型、熔融碳酸盐型、固体电解质型燃料电池。

为了方便对比，将几种燃料电池各方面的综合性能比较列于表3-2内。

表3-2 几种燃料电池的综合性能比较

电池种类	碱性燃料电池	磷酸燃料电池	熔融碳酸盐燃料电池	质子交换膜燃料电池	固体氧化物燃料电池
电解质	KOH	H_3PO_4	$Li_2CO_3 - K_2CO_3$	全氟磺酸膜	$Y_2O_3 - ZrO_2$
操作温度	65℃~220℃	180℃~200℃	约650℃	室温-80℃	500℃~1000℃
操作压力	<0.5MPa	<0.8MPa	<1MPa	<0.5MPa	常压
燃料	精炼氢气、电解副产氢气	天然气、甲醇、轻油	天然气、甲醇、石油、煤	氢气、天然气、甲醇、汽油	天然气、甲醇、石油、煤
极板材料	镍	石墨	镍、不锈钢	石墨、金属	陶瓷
特性	需使用高纯度氢气；低腐蚀性及低温；较易选择材料	进气中CO会导致触媒中毒；废热可利用	不受进气CO影响；反应时需循环使用CO_2；废热可利用	功率密度高，体积小，质量轻；低腐蚀性及低温；较易选择材料	不受进气CO影响；高温反应，不需依赖触媒的特殊作用；废热可利用
缺点	需以纯氧作氧化剂；成本高	对CO敏感；启动慢；成本高	工作温度较高	对CO敏感；反应物需要加湿	工作温度过高

续表

电池种类	碱性燃料电池	磷酸燃料电池	熔融碳酸盐燃料电池	质子交换膜燃料电池	固体氧化物燃料电池
系统效率	50%～60%	40%	50%	40%	50%
用途	宇宙飞船；潜艇	热电联供电厂；分布式电站	热电联供电厂；分布式电站	分布式电站；交通工具等移动电源	热电联供电厂；分布式电站；交通工具等移动电源

4. 碱性燃料电池材料

碱性燃料电池是燃料电池系统中最早开发并获得成功应用的一种，主要应用在航天飞行中。美国阿波罗登月宇宙飞船及航天飞机上即采用碱性燃料电池作为动力电源，电池反应生成的水经过净化可供宇航员饮用，供氧分系统还可以与生命保障系统互为备份。德国西门子公司开发了100kW的碱性燃料电池并在艇上试验，作为不依赖空气的动力源并获得成功。我国早在20世纪60年代末就进行了碱性燃料电池的研究，70年代经历了研制的高潮，已研制成功A、B两种石棉膜型、静态排水的碱性燃料电池。A型电池以纯氢、纯氧为燃料，带有水的回收与净化分系统；B型电池以 N_2H_4 分解气为燃料，空分氧为氧化剂。这两种碱性燃料电池系统均通过了例行的航天环模实验。

5. 固体氧化物燃料电池材料

固体氧化物燃料电池是一种全固体燃料电池，其中的电解质是复合氧化物，这种材料在高温（800℃～1000℃）下具有离子导电性，因为掺杂的复合氧化物中形成了氧离子晶格空位，在电位差和浓度差的驱动下，氧离子可以在其中迁移。固体氧化物燃料电池的关键材料主要有：电解质材料、电极材料、电极连接材料和高温密封材料。由于固体氧化燃料电池的工作温度高，其中的固体电解质不仅起着传导氧离子的作用，而且还起着分隔阴极与阳极，分隔燃料和氧化气体的作用，常用作固体氧化物燃料电池电解质的材料有掺杂氧化锆、掺杂氧化铈以及掺杂镓酸镧，等等。电极材料主要有阴极材料和阳极材料。阴极材料可以采用铂等贵金属材料，但价格昂贵，而且高温下容易挥发，实际已很少采用。目前发现的钙铁矿型复合氧化物是性能较好的一类阴极材料。阳极材料的研究范围较窄，主要集中在镍、钴、铷和铂等适合做阳极的金属以及具有混合电导性能的氧化物。金属钴是很好的阳极材料，其电催化活性甚至比镍高，而且耐硫中毒比镍好，但由于钴价格较贵，一般很少采用，而镍有便宜的价格及优良的催化性能，所以成为广泛采用的阳极材料。电极连接材料在固体氧化燃料电池中起着连接阴、阳两极的作用，特别是在平板式固体氧化燃料电池中同时起分隔燃料与氧化剂和构成流场与导电作用，是固体氧化燃料电池中的关键材料。目前主要有钙或锶掺杂的铬酸镧钙钛矿材料以及高温铬—镍合金材料等电极连接材料。

6. 质子交换膜燃料电池材料

质子交换膜燃料电池是以质子交换膜为电解质的一种燃料电池。质子交换膜燃料电池主要由阴极板、阴极扩散层、阴极催化剂层、阳极板、阳极扩散层、阳极催化剂层和质子交换膜构成。其关键材料是质子交换膜、电催化剂、扩散层和极板材料，等等。质子交换膜是质子交换膜燃料电池的核心组件之一，它既是分隔阴极与阳极的一种隔膜，又是传递质子的电解质。目前，质子交换膜燃料电池大多数采用全氟磺酸型固体聚合物膜。全氟磺酸型固体聚合物膜具有极高的化学稳定性、很高的质子传导率（高湿度下）、良好的机械强度和相当低的气体透过率，但是在低湿度或高温条件下由于缺水会导致质子电导率降低。催化层也是质子交换膜燃料电池的核心组件之一，属于电极的一部分，是发生电子反应的主要场所。催化层的主要材料是电催化剂。电催化剂是用以加快电极与电解质界面上电荷转移速度的物质，要求对特定的电极反应有良好的催化活性和高的选择性，对电解质有良好的耐腐蚀性，并具有良好的导电性。铂基催化剂是目前性能最好的阳极和阴极催化剂，为了提高铂的利用率，减少铂的用量，一般是将纳米级的铂颗粒分散在炭黑和乙炔黑等碳材料基体中制成铂、碳复合材料。扩散层既是催化层的支撑体，又是气体和水的扩散通道，也是电子和热的导体。目前质子交换膜燃料电池中广泛采用的扩散层材料是碳纤维材料——炭纸或炭布。双极板的作用是分隔氧化剂和还原剂，传输和均匀分布反应气体，支撑膜电极，保持电池堆结构稳定，连接单电池的电极以实现电池组的电流集结。目前质子交换膜燃料电池广泛使用的双极板材料有无孔石墨板、金属板和复合双极板。

五、储氢材料

氢是一种非常重要的二次能源，资源丰富，发热值高，1kg 氢气燃烧放热相当于 3kg 汽油，燃烧产物水对环境无污染，因此是人类致力开发的能源之一。在氢能的开发利用过程中，有两个重要的方面，即氢能的制备和储运。在氢能的制备方面，人类通过利用太阳能光解海水可以制得大量的氢，更重要的是氢的储运问题。储氢材料是一类能可逆地吸收和释放氢气的材料。纯金属可以大量吸氢，最早发现的是金属钯，1 体积钯能溶解几百体积的氢气，但钯很贵，缺少实用价值。为了便于使用，一般通过合金化来改善金属氢化物的吸放氢条件，即使金属在容易达到和控制的条件下吸放氢，因此，一般的金属储氢材料为合金储氢材料。

1. 储氢合金的定义、组成及分类

特定合金在高温、高氢压下与氢反应，形成金属氢化物，从而吸氢；通过高温或减压，金属氢化物发生分解，从而放氢；通过冷却或加压又充氢。把吸放氢快，可逆性优良的合金称为储氢合金。

储氢合金一般为 AB_x 型，A 是能与氢形成稳定氢化物的放热型金属，如钛、钒、镓、镁和钯等，能大量吸氢，并大量放热。而 B 为与氢亲和力小，通常不形成氢化物，但氢在其中容易移动，具有催化活性作用的金属，如铁、钴、锰、铬、镍、铜和铝等，为吸热型金属。目前，研究较多的储氢合金主要有 AB_5 型稀土镍系储氢合金、AB_2 型 Laves 相合金、AB 型钛—镍系合金、A_2B 型镁基储氢合金和钒基固溶体型储氢合金。

（1）AB_5 型储氢合金。为 $CaCu_5$ 型六方结构。在 AB_5 型储氢合金中，A 侧是混合稀土金属，主要为 La、Ce、Pr、Nd 四种稀土元素，B 侧金属多数易于动力学放氢，由于它们的存在，储氢量不是很高。$LaNi_5$ 系储氢合金是 AB_5 型的代表，具有吸氢量大，不易中毒，平衡压力适中，滞后小，氢在合金中的扩散系数大，故吸放氢快，具有很高的电化学储氢容量和良好的吸放氢动力学特性。但 $LaNi_5$ 吸氢后晶胞体积膨胀大，易粉化，而且由于大量使用 La，成本高。

（2）AB_2 型储氢合金。有 $MgZn_2$ 型（六方结构）、$MgCu_2$ 型（面心立方结构）和 $MgNi_2$ 型（六方结构）三种类型。AB_2 型 Laves 相储氢合金的容量较大，因此是目前高容量储氢合金的研发热点。但 AB_2 型 Laves 相储氢合金活化性却明显不如 AB_5 型合金。许多 AB_2 型 Laves 相储氢合金需要循环 10 次以上才能活化。因此，AB_2 型 Laves 相储氢合金通常需要经过表面改性处理，其活化性能才能达到实用化的要求。

（3）AB 型储氢合金。Ti－Fe 系合金是 AB 型储氢合金的代表，储氢量可达 1.8%～1.9%。Ti－Fe 系储氢材料在室温下即可与 H_2 反应得 $TiFeH_{1.04}$ 和 $TiFeH_{1.95}$，Ti、Fe 资源丰富，价格便宜，同时，室温下释氢压力不到 1Mpa，如在 0.3MPa 氢压下可逆大量释放氢，接近工业应用。但 Ti－Fe 系储氢材料活化困难，活化要在大于 450℃/5MPa 氢压下，反复多次氢洗合金，使合金表面的氧化膜去掉，便于合金吸氢，还可通过酸洗、碱洗的方法活化；同时，Ti－Fe 系储氢材料抗毒性差，反复吸放氢性能下降，一般通过合金化来改善吸放氢性能。

（4）A_2B 型储氢合金。Mg 系合金是 A_2B 型储氢材料的代表，具有密度小，储氢量大（7.6%）、资源丰富的优势，如 Mg_2H_2 含氢达 7.6%，Mg_2NiH_4 含氢 3.6%。但 Mg_2H_2 太稳定，Mg 系合金分解温度过高（＞250℃），吸放氢慢，一般加 Ni 或 Cu 来催化。Mg－Ni 系或 Mg－Cu 系中的 Ni、Cu 等起催化作用。Mg－Ni 系合金可有 Mg_2Ni、$MgNi_2$ 两种金属化合物，其中 Mg_2Ni 与氢反应，而 $MgNi_2$ 不反应。在 Mg－Ni 系合金中，Ni 在 3%～5% 时吸氢量最大，用 Al 或 Ca 等置换部分 Mg，或用 V、Cr、Mn、Fe、Co 等替换部分 Ni 可改善 Mg－Ni 系合金吸放氢性能。

（5）非晶态储氢合金。非晶态储氢合金较同成分晶态合金在相同温度和氢压下，有较大的储氢量，耐磨，不易粉碎，吸放氢过程体积变化小，但吸放热易晶化，有关储氢机理目前尚不明了。

2. 储氢合金的要求和应用

作为储氢合金材料，主要有如下一些要求：

（1）吸氢能力大，易活化。吸氢量希望达 4%，但理论上 Re、Ti 系达不到，寄希望于 Mg 系、V 系；易活化指在室温下，1MPaP_{H_2} 压下，反应 1～2 次开始饱和吸氢的合金。而需高温（＞500℃）、长时间、次数多、高真空度、高氢压才能活化的属于难活化合金。

（2）金属氢化物生成热适当，过于稳定，不利于释放。一般用分解压为 0.1MPa 时的温度或任一温度的平衡分解压作为评价标准，也常用氢化物生成热 H_D 与燃烧热 H_C 之比 H_D/H_C 来判断。应尽量降低 H_D/H_C，一般选择合金组成来控制其氢化物的生成热，通常选用 ⅠA－ⅤB 族的放热型金属，如 Li、Mg、K、Ca、Ti、Re 等与ⅢB－ⅤB族的吸热型金属 Cr、Fe、Mn、Co、Ni、Cu 等组合，常用 Re 系，Ti 系，Mg 系，V 系非晶合金，复合合金。

（3）平衡氢压适当，平坦而宽，平衡压力适中。平台倾斜与晶体结构及相偏析有关，与铸造合金的冷却速度有关，一般热处理或快淬速冷利于平台平坦。作为储氢材料，一般希望的放氢条件为室温时 $0.2MPa \sim 0.3MPa$，如在室温 $-50℃$ 时的平衡分解压为 $0.1MPa \sim 0.5MPa$，或分解压 $0.1MPa$，温度在 $-50℃ \sim 0℃$ 为佳。

（4）吸放氢快，滞后小。若滞后大，吸放氢时需加热、冷却，或加、减压，不方便使用。

（5）传热性能好，不易粉化。合金吸放氢，体积反复膨缩，合金粉化使填充密度增大，体积膨胀导致容器局部受高压力而受损，或导致氢气泄漏，或降低热传导率，而且细粉容易堵塞阀门，等等。

（6）其他。化学性能稳定，对 O_2、CO_2 等杂质敏感性小，经久耐用，反复吸放氢性能不致恶化，衰减小；在储运、运输时性能可靠、安全；价格便宜，环境友好。

储氢合金主要用于镍氢二次电池的负极材料。其他方面的应用主要为：

（1）储氢容器：氢气储于合金中，原子密度缩小 1000 倍，制成容器与钢瓶比，相同储氢量时重量比 1∶1.4。无须高压及液氢储存的极低温设备和绝热措施。

（2）氢能汽车：目前能用于汽车的储氢器件的重量比汽油箱大，但氢的热效率高于汽油，并且燃烧后无污染。

（3）分离器回收氢：利用储氢合金回收分离工业废气中的氢，分离合成氨生产中的氢等。

（4）制取高纯氢气：利用储氢合金对氢的选择性吸收，可制备纯度很高的氢。

3. 新型储氢碳材料

主要开发研究的新型储氢碳材料有如下几种：

（1）活性炭储氢是利用具有超高比表面积的活性炭作吸附剂，在中低温、中高压下的吸附储氢技术。

（2）活性炭纤维作为一种理想的高效吸附材料，是在碳纤维技术和活性炭技术相结合的基础上发展起来的，它是一种具有丰富发达孔隙结构的功能型碳纤维。与活性炭相比，活性炭纤维具有优异的结构性，它比表面积大，微孔结构丰富，孔径分布窄，且微孔直接开孔于纤维表面，因而比活性炭有更加优良的吸附性能和吸附力学行为。

（3）纳米碳纤维是近年来为吸附储氢而开发的一种材料。纳米碳纤维表面具有分子级微孔，内部具有直径大约10nm的中空管，比表面积大。大量氢可以在纳米纤维中凝聚，从而可能具有超级储氢能力。

（4）碳60富勒烯的储氢量可高达6.3%，与简单的活性炭吸附储氢不同，碳60富勒烯的碳原子与氢原子形成相当强的共价键，因此要打破这些键释放出氢气需要400℃以上的高温。

（5）碳纳米管储氢材料。碳纳米管的横截面是由两个或多个同轴管层组成的，层与层相距0.343nm。碳纳米管是一种储氢量极大的吸氢材料，有单壁和多壁碳纳米管之分。与多壁碳纳米管相比，单壁碳纳米管缺陷少、长径比大、结构简单、强度大、量子效应明显、储氢能力强。

六、核能材料

1. 核能及其原理

核能是20世纪出现的一种新能源。自世界上第一座核反应堆运行成功（1942年12月2日，美国芝加哥大学）以后，人类开始掌握了核能，从此跨入核能时代。至今，短短几十年，核能获得了很大的发展。目前，核能占世界总能源消耗已近10%。全世界可靠铀资源为447万t，可供全世界热中子堆核电站使用50年，如果将热堆放燃料经后处理回收的铀和钚循环使用，铀资源的利用率可提高1.2倍；如果将铀和钚用于快堆，则铀资源利用率可提高60倍，这意味着400多万t的铀资源可利用3000年。核能是一种安全、清洁、经济的能源，并且是目前唯一达到大规模商业应用的替代能源。随着化石燃料的逐渐耗尽，全世界特别是我国核能发展的潜力巨大。

（1）核裂变原理。重原子核在高能中子的轰击下，裂变为两个较轻的原子核，同时产生数个高能中子，各种射线，发生质量亏损，并释放出巨大的能量。产生的高能中子又去轰击其他的重原子核，从而形成链式反应。

（2）核聚变原理。由两个或两个以上的氢原子核（如氢的同位素氘、氚）结合成一个较重的原子核，同时发生质量亏损释放出巨大能量的反应。核聚变反应释放的能量称为核聚变能。聚变能比裂变能更为强大，是同质量核裂变能的4~5倍。现在世界上的一些国家正在研究聚变能的受控释放，这一目标如果实现，人类将会得到一种实际上取之不尽的新能源。

从核能材料来说，主要包括核反应材料（核裂变和核聚变材料）、核反应控制材料以及核屏蔽材料。

2. 核裂变材料

只有铀－233、铀－235 和钚－239 三种核素（核素是指有一定的质量数、原子序数和核能状态，而且存在时间大于 10^{-10}s，因而能对其进行观察的同一类原子）的原子核可以由中子引起核裂变，它们称为裂变材料或裂变物质。在自然界中存在的裂变材料只有铀－235，铀－235 和钚－239 在自然界中并不存在，分别由自然界中的钍－232 和铀－238 吸收中子后衰变而成。

铀广泛分布于地壳和海水中，地壳中铀的平均含量为 2g/t，不仅远高于金、银，而且比钨、钼高。海水中的铀浓度为 0.36μg/L ~ 2.3μg/L。天然铀由铀－238、铀－235 和铀－234 三种同位素组成，其丰度分别为 99.284%，0.711%，0.00054%。铀还有铀－233 等 12 种人工同位素。铀的化合物种类繁多。铀的氧化物有二氧化铀、三氧化八铀、三氧化铀和过氧化铀；铀的卤化物有四氟化铀、六氟化铀、四氯化铀；铀的碳化物有一碳化铀和二碳化铀。

钍在地壳中的平均含量为 9.6g/t。天然淡水中含钍 2×10^{-9}%，海水中为 5×10^{-9}%。已知含钍的矿物有百余种，最重要的是独居石、铈、稀土及钍的磷酸盐，含钍 4% ~6%，是生产钍的主要来源。钚是第一个大规模人工制造的元素。天然铀矿中含有极少量的钚－239，钚与铀的原子数之比为 1:10^{11}，这些钚是铀吸收中子生成的。由于数量极少，可以说铀矿中实际不存在钚。

3. 核聚变材料

为了使核聚变发生，必须克服聚变材料原子核间的静电斥力，静电斥力越小越好，原子核的电荷越小，静电斥力越小。因此，原子核所带电荷最小的氢及其同位素氘和氚，就成为核聚变的首选材料。

氘和氚是基本的核聚变材料，最有希望的核聚变材料是氘。氘大量存在于海水的重水之中，特别是海洋表层 3m 左右的海水里。尽管氘在海水中的丰度不高，但由于地球上有数量巨大的水，可利用的核聚变材料几乎是取之不尽、用之不竭的。每 1L 海水中含 30mg 氘，其聚变产生的能量相当于 300L 汽油燃烧产生的能量。据估计，全球海洋中的重水总储量为 45 亿 t。我们日常使用的水中也含有大量的氢，从地壳中开采的氢也可为聚变反应堆提供大量的燃料。利用氢聚变可以轻而易举地为人类提供使用 5000 万年之久的能源。

4. 核反应控制材料

核反应必须在可控制的条件下进行，要实现可控核聚变反应，除需要极高的温度外，还需要解决等离子体密度和约束时间的问题，从而可以控制核聚变所释放出的能量的多少，否则核聚变要么反应无法维持，要么演变为不可控制的核聚变——氢弹。核聚变反应的等离子体温度极高，任何材料都承受不了如此高的温度，因此必须对等离子体进行约束，即将它与周围环境隔开。目前有两种方式，其一是磁约束，使用设计好的磁场对等离子体进行约束，使带电粒子只能沿着一个螺旋形的轨道运动，这样磁场就相当于一个容器了。其二是惯性约束，在原子核飞行的极短时间内完成核聚变反应，就无须采取什么措施来约束等离子体，这样等离子体将被自身惯性约束。

对于核裂变链式反应的控制，通常是向反应堆芯内放入或取出容易吸收中子的材料来控制反应，常用的控制材料有硼硅酸盐、铪以及某些合金，等等。

5. 核辐射屏蔽材料

屏蔽混凝土是被广泛用于固定式反应堆的屏蔽材料。材料相对便宜而且可以就地取材，屏蔽性能和结构性能都较好；不锈钢和铁也是大量使用的屏蔽材料，不锈钢本身对 γ 射线有一定的屏蔽效果，含硼不锈钢对中子和 γ 射线有综合屏蔽效果，而辐射对不锈钢的力学性能没有明显影响；铅硼聚乙烯已广泛用于各种反应堆系统的屏蔽，聚乙烯本身含氢量高，对快中子慢化特别有效，而铅是很有效的 γ 射线屏蔽材料。

七、相变储能材料

1. 相变储能材料概述

相变储能材料是指能在特定温度或温度范围（相变温度）下发生物质相态的变化，并且伴随着相变过程可吸收或放出大量的相变潜热的一类材料。相变储能材料可以用来储热或蓄冷，当环境温度高于相变储能材料的相变温度时，相变储能材料发生相变而吸收热量，直到相变储能材料的温度和外界温度一致；当外界温度低于相变储能材料的温度或者环境温度的下降速率大于储能材料的温度下降速率时，相变储能材料又发生相变，释放热量。因而相变储能材料能有效解决能量供需在时间、空间上的不匹配问题。相变潜热是相变过程中吸收或释放的能量，是相变储能材料的一种物理属性。因此，不同的相变储能材料的相变潜热也不同，无机水合盐类、有机物类和大部分高分子类的相变温度在200℃以下，相变潜热在300J/g；金属的相变温度在200℃以上，相变潜热在400～500 J/g之间；无机盐的相变温度高，相变潜热也高。

相变储能材料种类多，存在形式各异，划分类别标准不一。按照材料的相变方式可以分为：固—气、液—气、固—液，以及属于晶型转变的固—固相变。根据材料的相变温度可分为：低温、中温和高温相变储能材料。低温相变储能材料的使用范围一般在0℃以下，包括有机物、共晶盐和盐溶液等，主要运用于制冷、医疗保健和工农业的蓄冷。中温相变材料的相变温度范围在0℃～200℃之间，包括无机水合盐类，共晶盐类、有机物类和高分子类等，主要用于废热回收、建筑节能、供暖和空调系统以及生活保健，并已取得很好的社会效益，而且具有非常大的市场潜力。高温相变材料的相变温度大于200℃，包括氟化物、氯化物、硝酸盐、硫酸盐等的熔融盐类，部分碱，共晶盐类和金属及金属合金类等，主要用在高温环境下的热管理，比如航天航空的大功率组件热管理。根据材料的化学成分可划分为：无机类、有机类、无机有机共混类及其他。

2. 无机相变储能材料

无机相变储能材料可以分为无机盐、无机水合盐类、金属及合金和其他无机物。目前应用最广泛的是无机水合盐类，可供熔点范围在几摄氏度到一百多摄氏度之间，主要包括碱及碱土金属的氯化盐、磷酸盐、碳酸盐、硝酸盐、硫酸盐及醋酸盐等的结晶水合物。无机水合盐相变储能材料具有使用范围广、导热系数大、相变潜热大、储热密度大、相变体积变化小、一般呈中性、毒性小、价格便宜等优点。但是，大多数无机水合盐的结晶能力差（即成核性差），结晶过程中可能会出现过冷和相分离现象。

3. 有机相变储能材料

常用有机类相变材料主要有石蜡、脂肪酸、醇、酯类和高分子类。石蜡主要由直链烷烃混合而成，是精制石油的副产品。短链烷烃熔点较低，随着链长增加，烷烃熔点增长快，而后逐渐减慢，趋于一定值。选择不同碳原子数的石蜡相变材料，可以获得不同的相变温度和相变潜热。石蜡相变温度范围在几摄氏度到一百多摄氏度，相变潜热在160～270kJ/kg之间。石蜡化学活性低，稳定性好，呈中性。脂肪酸、酯、醇和高分子类聚合物等也是常用的有机相变材料，熔点范围在7℃～187℃，熔化热在42～250 kJ/kg之间，固体成型好，化学性质稳定，腐蚀性好，不易燃。有机相变储能材料易做成定型材料，化学稳定性好，无腐蚀，毒性小，来源丰富，价格低廉，而且无相分离和过冷问题。虽然有机相变储能材料的优点很多，但是其导热系数与密度小、易挥发、易燃、易老化和体积变化率大等缺点严重影响其在实际工程中的使用。

4. 有机—无机共混相变储能材料

通过了解无机相变储能材料和有机相变储能材料的优缺点，研究者提出结合两者优势弥补各自劣势的有机—无机共混相变储能材料。其既可以解决有机相变储能材料导热差和单位体积潜热小的问题，又能解决无机水合盐相变储能材料过冷度和相分离的问题。如：将乙二醇和氯化铵按照一定比例制备出一种有机—无机共混相变储能材料，是一种低温复合相变蓄冷材料，该复合材料性能稳定，不需要成核剂和稳定剂，在 $-16℃$ 发生相变，熔化热在206～222kJ/kg之间，是一种优良的相变蓄冷材料。又如：将四份（质量）十二水磷酸氢二钠与一份（质量）硬脂酸混合得到一种复合相变材料，发现十二水磷酸氢二钠和硬脂酸有很好的化学相容性，而且该复合相变储能材料既能解决水合盐的过冷问题，又能适当增加有机材料的比热容，是一种很好的温度和潜热合适的热垫用相变材料。有机—无机共混相变材料优点多、效果佳，无机材料和有机材料的缺陷得到了弥补，但是现在有关这方面的研究尚处于实验室阶段，其储能机理还不明了。

5. 微胶囊相变储能材料

微胶囊相变储能材料指的是应用微胶囊技术在相变储能材料微粒表面包覆一层性能稳定的壳而构成的具有核—壳结构的复合相变储能材料。微胶囊相变材料在相变过程中，内核发生相变，而其外层的壳仍保持为固态，因此该类相变储能材料在宏观上表现为固态微粒。微胶囊相变储能材料不仅解决了无机相变储能材料的不稳定性和有机相变储能材料的热导率低和体积变化大的问题，而且还简化了相变储能材料的使用工艺，降低了使用成本，但其制备工艺相对复杂。微胶囊相变储能材料通常包括单核、多核和多核无定型结构。微胶囊的囊膜有双壁、微胶囊簇和复合微胶囊等形式。微胶囊的粒径通常为 $0.1\mu m$ ～ $1000\mu m$，壁材的厚度在 $0.01\mu m$ ～ $10\mu m$ 范围内不等。目前，作为微胶囊芯材的固—液相变储能材料包括：结晶水合盐、共晶水合盐、石蜡类、直链烷烃、脂肪酸类、聚乙二醇等，其中结晶水合盐和石蜡类较为常用。

6. 相变储能材料的应用

相变储能技术是利用相变储能材料的相变潜热进行能量（热和冷）储存的一门技术，是一种高效、节能和环保的能量利用方式。相变储能技术可以解决能量供应在时间和空间上不匹配的矛盾，同时能有效利用可再生能源（如太阳能等），是提高能源利用率的有效手段之一，因此在很多热能储存领域得到了广泛应用，如图 3 – 1 所示。

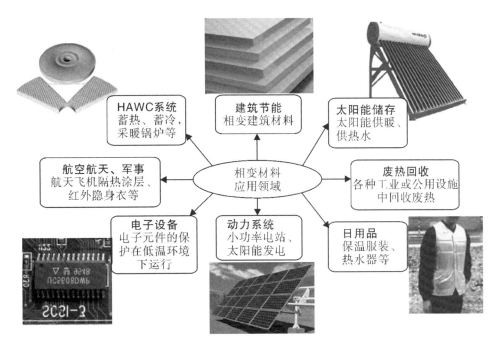

图 3 – 1 相变储能材料的应用领域和用途

20 世纪 60 年代，随着空间技术的迅速发展，相变储能材料开始应用于航天器的绝热装置和温控器件中。80 年代，相变潜热储能基础理论和应用技术研究在发达国家迅速崛起并得到不断发展，使相变储能材料在建筑物的集中空调、采暖、工业余废热利用和太阳能储存等领域均得到了广泛的应用，同时，各种具有相变蓄热功能的建筑材料和构件、功能性日用品和服装等也是相变储能材料应用的热门领域。近年来，随着我国关于相变储能材料蓄热理论和应用研究的发展，其应用领域主要集中在太阳能利用、蓄热地板、建筑储能材料以及围护结构等。其中大多数都处于实验研究阶段，真正投入到产业化的相变储能技术和材料还比较少。不可否认的是，相变储能材料及储能技术具有较大的发展前景，将会在越来越多的领域展现其应用潜力。

第四章　新型智能材料

一、智能材料概述

智能材料与结构是一门新兴起的多学科交叉的综合科学。20 世纪 80 年代后期，随着材料技术和大规模集成电路的进展，美国军方提出了智能材料与结构的设想和概念，并开展了大规模的研究。智能材料与智能结构系统是近年来飞速发展的一个领域，这一领域的研究也越来越受到人们的重视，有人甚至称 21 世纪是智能材料的世纪。人们之所以如此关注智能材料系统是因为它在建筑、桥梁、水坝、电站、飞行器、空间结构、潜艇等振动、噪声、形状自适应控制、损伤自愈合等方面具有良好的应用前景。智能材料与结构的诞生有着一定的背景。复合材料普遍使用，为解决它的强度和刚度变化等问题，使得驱动元件和传感件较为容易地融合进入材料，组成整体，从而具有多种用途，同时驱动元件和传感件材料的发展以及材料集成技术上的突破，也促进了智能材料结构的出现。材料科学的发展，使得人们对机械、电子、动作等材料的多方面性能耦合进行研究，微电子技术、总线技术及计算机技术的飞速发展，解决了信息处理和快速控制等方面的难题，这些都为智能材料结构的出现提供了有利条件。

1. 智能材料的概念及其特点

智能材料系统和结构的有关名称定义目前尚不统一，但一般智能材料系统都应该具有敏感、处理、执行三个主要部分。一般来说，智能材料是能够感知环境变化（传感或发现的功能），通过自我判断和自我结构（思考和处理的功能），实现自我指令和自我执行（执行功能）的新型材料。该材料具有模仿生物体的自增值性、自修复性、自诊断性、自学习性和环境适应性。将具有仿生命功能的材料融合于基体材料中，使制成的构件具有人们期望的智能功能，这种结构称为智能材料结构。它是一个类似于人体的神经、肌肉、大脑和骨骼组成的系统，而基体材料就相当于人体的骨骼。智能材料是能够感知环境变化，通过自我判断和结论，实现和执行指令的新型材料。例如将光导纤维、形状记忆合金和镓砷化合物半导体控制电路埋入复合材料中，光导纤维是传感元件，能检测出结构中的应变和温度，形状记忆合金能使结构动作，改变性状，控制电路根据传感元件得到的信息驱动元件动作。因此融合于材料中的传感元件相当于人体的神经系统，具有感官功能，驱动元件相当于人体的肌肉，控制系统相当于人的大脑。

从仿生学的观点出发，智能材料内部应具有或部分具有以下生物功能：

（1）有反馈功能，能通过传感神经网络，对系统的输入和输出信息进行比较，并将结果提供给控制系统，从而获得理想的功能。

（2）有信息积累和识别功能，能积累信息，能识别和区分传感网络得到的各种信息，并进行分析和解释。

（3）有学习能力和预见性功能，能通过对过去经验的收集，对外部刺激做出适当反应，并可预见未来和采取适当的行动。

（4）有响应性功能，能根据环境变化适时地动态调节自身并做出反应。

（5）有自修复功能，能通过自生长或原味复合等再生机制，来修补某些局部破损。

（6）有自诊断功能，能对现在的情况和过去的情况做比较，从而能对诸如故障及判断失误等问题进行自诊断和校正。

（7）有自动动态平衡及自适应功能，能根据动态的外部环境条件不断自动调整自身的内部结构，从而改变自己的行为，以一种优化的方式对环境变化做出响应。

2. 智能材料的分类

根据材料的来源，智能材料包括金属系智能材料、无机非金属系智能材料及高分子系智能材料。金属系智能材料由于其强度比较大，耐热性好且耐腐蚀性能好，常用在航空航天和原子能工业中作为结构材料。金属材料在使用过程中会产生疲劳龟裂及蠕变变形而损伤，所以期盼金属系智能材料不但可以检测自身的损伤，而且可将其抑制，具有自修复功能，从而确保使用过程中的稳定性。目前研究开发的金属系智能材料主要有形状记忆合金和形状记忆复合材料两大类。无机非金属系智能材料的初步智能性是考虑局部可吸收外力以防止材料整体变坏。目前此类智能材料在电流变流体、压电陶瓷光质变色和电质变色材料等方面发展较快。高分子系智能材料的范围很广泛，作为智能材料的刺激响应性高分子凝胶的研究和开发非常活跃，其次还有智能高分子膜材、智能高分子黏合剂、智能型药物释放体系和智能高分子基复合材料，等等。

从智能材料的自感知、自判断和自执行的角度出发，智能材料又可分为自感知智能材料（传感器）、自判断智能材料（信息处理器）以及自执行智能材料（驱动器）。

根据结构来说，智能材料结构可以分成两种类型：①嵌入式智能材料结构。在基本材料中嵌入具有传感、动作和控制处理功能的三种原始材料，传感元件采集和检测外界给予的信息，控制处理器指挥驱动元件执行相应的动作。②材料微结构本身具有一定的智能功能。某些材料微结构本身具有智能功能，能够随着环境和时间改变自己的性能，例如自滤波玻璃和受辐射时能自衰减的 InP 半导体等。

3. 材料智能化的实现及智能材料设计

（1）自检测、自诊断和自预警的实现。对材料内部缺陷的检测和诊断，在很大程度上源自很多重要设施和器件（如航空航天器、桥梁、大坝等）的可靠性和安全性要求，即希望材料在使用过程中保持性能稳定，或者能对结构及材料内部进行损伤评价，在其发生破坏之前自预警，以防止灾难性损伤和事故。在材料中埋入光导纤维、电阻应变丝、压电元件及碳纤维等作为传感元件，形成神经网络系统，并由数据进行处理。光电信息是应变的函数，当构建由于疲劳或外部原因引起损伤时，应变分布改变，根据训练可确定损伤的位置和程度，可实现智能材料的自检测和自诊断。当材料内部发生破坏时，由数据处理和监控系统发出警报。智能材料自检测和自预警也可以通过声发射的方法来实现。如在铝合金中存在的微孔内预埋可产生声波的物质硼粒子，当材料收到损伤时，微孔扩展成较大裂缝，预埋物质便产生声响，实现报警。

（2）自适应和自修复的实现。智能材料的自适应是材料自动适应环境的物理化学条件，主动做出适当改变，并对自身缺陷和损伤进行自修复。目前，自修复功能主要通过在材料内部分散或复合一些功能性物质来实现。当材料受到损伤时，这些物质受到作用而发生某种变化，抑制损伤的进一步发展，甚至弥合损伤，从而实现自修复。按照功能性物质在材料中的分布特点，可将自修复分为四种类型。其一，微量元素型，如含微量氮和硼的 SUS304 不锈钢，在700℃以上的真空环境中，内部的氮、硼原子会向材料表面扩散，在表面形成一层稳定的不吸附水分的 BN 膜。若 BN 膜剥离或损伤，还可通过真空加热再生，即具有一定的自修复功能。其二，微球型，Fe - Cr 合金高温疲劳时裂缝尖端形成一层氧化膜，此氧化膜对裂缝的发展有抑制作用，分散的 Y₂O₃ 微球可以捕集对氧化膜有破坏作用的硫，提高氧化膜的致密度，抑制裂纹的发展。其三，丝线或薄膜型，在材料内部埋入功能性丝线或在表面敷涂功能薄膜，可实现自修复。例如将直径 0.38mm 的 Ti - Ni 形状记忆合金丝埋于聚合物中，当丝线附近产生损伤裂缝时，丝线受到作用，电流流通使合金丝线温度升高，丝线也因恢复记忆而拉紧，从而使裂缝闭合或缩小，实现自修复。其四，液体埋入型，在基体中埋入许多细小纤维的管道，管中装有可流动的修复剂，一旦材料基体开裂，纤维随即裂开，其内装的修复剂流淌到开裂处，由化学作用自动实现黏合，从而抑制开裂，修复材料。

（3）自调节的实现。自调节主要有光学自调节，电致流变体调节以及智能微球调节等。光致变色玻璃就是一种能自行调节透光性能的智能材料，用它制成的墨镜在阳光下颜色变深，而在室内则恢复透明。利用薄膜材料的电致变色特性，在玻璃基片上涂以透明电极和电致变色膜，可以改变入射光线的吸收谱。若吸收谱处于可见光波段，则可显示颜色变化，用于建筑物和车辆窗户的调光，可以维持适当光强，隔绝有害光线。智能微球典型的应用是药物微球技术，可以通过环境响应性（光、电、磁、力、温度、pH 值、离子强度）实现药物定位、定量释放。

材料的多组元，多功能复合类似于生物体的整体性。由于各组元、各功能之间存在的相互作用和影响，如耦合效应、相乘效应等，材料系统的功能并不是各组元功能的线性叠加，而要复杂和有效得多。另外，智能材料具有多级结构层次，包括有多个材料组元或控制组元。每种材料组元又有各自不同的组织，各种组织由不同的相构成，每种相都有各自不同的微结构。同样，控制组元是由大量电子器件集成的，电子器件可有不同的分布方式，每种电子器件也具有不同的结构。功能的传递常常是通过能量转换和物质的传输来实现的。通过执行组元可以有目的地控制能量和物质的流动。执行器输出的是能量，或称为机械功。因此也可以说，执行器是能量转换和能量提供单元，其输入和输出参数都是能量。输入的能量也可以由辅助能源提供，执行器的动态特性由功能设定和微型计算机芯片所确定。计算机芯片接收感知信号，通过处理，再把信息反馈给执行器去完成。

几种材料的简单组合并不能构成真正的智能材料系统，只有按严格、精确、科学的方法复合和组装才能构成智能材料，最重要的技术手段是把软件功能引入材料。这类似于生物体信息处理单元——神经元，可融各种功能于一体，将多种软件功能置于几纳米到十几纳米厚的不同层次结构中，这样就可以将智能属性"注入"到材料系统的宏观和微观结构中。软件在输入信息时，能依据过去的输入信息产生输出信息。过去输入的信息则能作为内部状态储存于系统内。因此，软件由输入、内部状态、输出三部分组成。

智能材料的发展趋势应是各材料组元间不分界的整体融合型材料，拥有自己的能量储存和转换机制，并借助和吸取人工智能方面的成就，实现具有自学习、自判断和自升级的能力。在材料的设计与合成上，也分为宏观—介观—微观的层次。从宏观的角度来说，研制具有较高智能的材料尚不现实，只能着眼于具有多功能和低级智能的材料研究。在设计和控制材料的结构层次时，从微米到纳米或原子及分子尺度前必须解决许多关键技术问题。智能材料这一复杂体系的材料复合首先应能仿照生物模型，确保在结构层次上将多种功能合成于一体，建立起传感、执行和控制网络复杂的复合效应，然后建立数学或力学模型，再进一步进行优化，这一过程涉及的许多问题都是材料科学研究中的前沿课题。

二、形状记忆合金智能材料

形状记忆合金是智能材料与结构中最先应用的一种驱动元件，它集感知和驱动于一体。该元件在高温下定形后冷却到低温并施加变形，从而形成残余形变。当材料加热时，材料的残余形变消失，并恢复到高温下所固有的形状。再进行加热或冷却时，形状保持不变，这就是所谓的形状记忆效应。具有形状记忆效应的金属通常是两种以上金属的合金，称为形状记忆合金。材料在高温下制成特定形状，在低温任意变形，加热时再恢复为高温形状，重新冷却还保持高温时的形状时，称之为单程记忆效应。例如，目前国内商品化的钛镍形状记忆合金丝，在低温马氏体组织时，加外力使合金应变 <8% 后，对材料加热，温度超过马氏体相变点时，形状恢复率可达 100%。但随着循环次数的增加，形状记忆特性会衰减，存在一个疲劳寿命。对材料进行特殊的处理，使材料能够记住高温和低温状态的两种形状，即加热时恢复高温形状，低温时恢复低温

形状，称之为双程形状记忆效应或可逆形状记忆效应。例如，对钛镍形状记忆合金经过一定的热处理训练，不仅在马氏体逆相变过程中能完全恢复到变形前的状态，而且在马氏体相变过程中也会自发地发生形状变化，恢复到马氏体状态的形状，而且反复加热冷却都会出现上述现象。此外还有一些合金称为全方位形状记忆合金，在冷却到更低的温度，可以出现与高温时取向相反，形状相同的现象。

目前，虽然有许多形状记忆合金体系，但能够商品化的只有少数几个，如 Ni – Ti、Ni – Ti – Cu、Cu – Zn – Al 合金体系，接近商品化的 Cu – Al – Ni 和 Fe – Mn – Si 合金体系，而具有潜在应用的体系有 Ni – Al 和 Ni – Ti – Zn 合金体系，在制备或性能上还有一些缺陷。在所有形状记忆合金体系中 Ni – Ti 合金是最具有使用价值的，有人做过数百万次实验，发现其恢复性能仍然保持。

1. 镍钛形状记忆合金

等原子比的 Ni – Ti 合金是应用得最早的形状记忆合金，其中 Ni 元素的质量分数为 55% ~ 56%。根据使用目的不同可选用适当的合金成分。它性能优越，稳定性好，具有特殊的生物相容性，因而得到广泛的应用，特别在医学与生物上的应用是其他形状记忆合金所不能替代的。由于合金成分不同，相变可以有不同路径。在材料使用过程中，表征材料记忆性能的主要参数包括记忆合金随温度变化所表现出的形状恢复程度，恢复应力，使用中的疲劳寿命，即经历一定热循环或应力循环后记忆特性的衰减情况。此外，相变温度及正逆相变的温度滞后更是关键参数。而上述这些特性又与合金的成分、成型工艺热处理（包括冷热加工）条件及其使用情况等密切相关。

Ni – Ti 记忆合金的相变温度对成分最敏感。Ni 含量每增加 0.1%，相变温度会降低 10 ℃。第三元素对 Ti – Ni 合金相变温度的影响也极为引人注目。Fe、Co 等过渡族金属的加入均可引起相变温度下降，其中 Ni 被 Fe 置换后，扩大了 R 相稳定的温度范围，使 R 相变更为明显。用 Cu 置换 Ni 后，相变温度变化不太大，但形状记忆效应却十分显著，因而可以节约合金成本，并且由于减少相变滞后，使该类合金具有一定的使用价值。

为获得记忆效应，一般将加工后的合金材料在室温加工成所需要的形状并加以固定，随后在 400℃ ~ 500℃ 之间加热保温数分钟到数小时（定型处理）后空冷，就可获得较好的综合性能。对于冷加工后成型困难的材料，可以在 800℃ 以上进行高温退火，这样在室温极容易成型，随后于 200℃ ~ 300℃ 保温使之定形。此种在较低温度处理的记忆元件，其形状恢复特性较差。富 Ni 的 Ni – Ti 合金需要进行时效处理，一则为了调节材料的相变温度，二则可以获得综合的记忆性能。处理工艺基本上是在 800℃ ~ 1000℃ 固熔处理后淬入冰水，再经 400℃ ~ 500℃ 时效处理若干时间（通常为 500℃/h）。随着时效温度的提高或时效时间的延长，相变温度相应下降，此时的时效处理就是定形记忆过程。

2. 铜基形状记忆合金

尽管镍钛形状记忆合金具有强度高、塑性大、耐腐蚀性好等优良性能，但由于成本约为铜基形状记忆合金的十倍而使之应用受到一定限制。因而近 20 年来铜基形状记忆合金的应用较为活跃，但需要解决的主要问题是提高材料塑性、改善对热循环和反复变形的稳定性及疲劳强度等。

铜基形状记忆合金的相变温度对合金成分和处理条件极敏感。例如某一成分的 Cu – Al – Ni 合金在 1000℃ 固熔后分别淬入温度为 10℃ 与 100℃ 介质中，其合金的相变温度对应为 – 11℃ 与 60℃。因此在实际应用中，可以利用淬火速度来控制相变温度。Cu – Al – Ni 等铜基合金在反复使用时，较易出现试样断裂现象，其疲劳寿命比 Ni – Ti 合金低 2 ~ 3 个数量级，其原因是铜基合金具有明显的各向异性。在晶体取向发生变化的晶界面上，为了保持应变的连续性，必然会产生应力集中，而且晶粒越粗大，晶面上的位移就越大，极易造成沿晶开裂。目前在生产过程中，已通过添加 Ti、Zr、V、B 等微量元素，或者采用急冷凝固法或粉末烧结等方法使合金晶粒细化，以达到改善合金性能的目的。

3. 铁基形状记忆合金

早期发现的铁基形状记忆合金 Fe – Pt 和 Fe – Pd 等由于价格昂贵而未能得到应用。直到 1982 年有关 Fe – Mn – Si 形状记忆合金研究论文的发表，才引起材料研究工作者极大的兴趣。尤其由于铁基形状记忆合金成本低廉、加工容易，如果能在回复应变量小、相变滞后大等问题上得到解决或突破，可望在未来的开发应用上有很大的进展。铁基形状记忆合金的最大回复应变量为 2%，超过此形变量将产生滑移变形，导致 ε – 马氏体与奥氏体界面的移动发生困难。

4. 形状记忆薄膜

形状记忆合金薄膜有较大的比表面和较高的响应速度，主要采用溅射或电化学方法制备 Ni – Ti、Cu – Zn、Au – Cd 等薄膜。形状记忆合金薄膜具有一些潜在的应用，如可能应用在智能结构的阻尼器、微机械手、微弹簧中。

5. 形状记忆合金的应用

从 20 世纪 70 年代开始，形状记忆合金得到真正的应用，至今已有 20 多年，应用领域极广，从精密复杂的机器到较为简单的连接件、紧固件，从节约能源的形状记忆合金发动机到过电流保护器等，处处都可反映出形状记忆合金的奇异功能及简便、小巧、灵活等特点，用作连接件，是记忆合金用量最大的一项用途。选用记忆合金作管接头可以防止用传统焊接所引起的组织变化，更适合于严禁明火的管道连接，而且具有操作简便，性能可靠等优点。

用作控温器件的记忆合金丝被制成圆柱形螺旋弹簧作为热敏驱动元件。其特点是利用形状记忆特性，在一定温度内，产生显著的位移或力的变化，再配以用普通弹簧丝制成的偏压弹簧就可使阀门往返运动，也就是具有双向动作的功能。当温度降低时，偏压弹簧压缩形状记忆弹簧，使阀门关闭，从而产生周而复始的循环。目前，我国已在热水器等设备上装有 Cu－Zn－Al 记忆元件。利用偏压弹簧使形状记忆元件具有双向动作功能的还有机器人手臂、肘、腕、指等动作、电流断路器、自动干燥箱以及空调机风向自动调节器等。上述元件都是利用形状记忆合金在回复到高温态时强度高，而在低温马氏体相态下较软的特性，在低温时，借助偏动弹簧的弹力使之变形。设计时，记忆元件与偏动弹簧不一定在同一轴上，根据需要以不同方式、不同角度配合以完成特定的往返动作需要。

医学上主要利用形状记忆合金的超弹性性质，最成功的应用是用于牙科矫正术上的矫形线上，它可以在歪斜的牙上产生很小的而又持续的力使歪牙扶正。用于医学领域的记忆合金除了具备所需的形状记忆或超弹性特性外，还必须满足化学和生物学等方面可靠性的要求。一般植入生物体内的金属在生物体液的环境中会溶解成金属离子，其中某些金属离子会引起癌病、染色体畸形等各种细胞毒性反应，或导致血栓等，总称为生物相容性差。只有那种与生物体接触后会形成稳定性很强的钝化膜的合金才可以植入生物体内。在现有的实用记忆合金中，经过大量实验证实，仅 Ni－Ti 合金等满足上述条件。因此 Ni－Ti合金是目前使用的唯一的记忆合金。Ni－Ti 合金除了在口腔牙齿矫形丝得到应用以外，还可用于骨连接器（如骨折、骨裂等所需要的固定钉或固定板）、血管夹、凝血滤器等，近年来血管扩张元件、脊柱侧弯矫形等应用也见报道。

三、智能化无机非金属材料

1. 自适应高温陶瓷材料

氮化硅等高温陶瓷材料是未来高温发动机的候选材料。研究表明，陶瓷材料在高温下的破坏过程是内部组分高温氧化和表面裂纹纵深发展的相互促进过程。如果有一种物质能够在高温下自动"流入"裂纹并屏蔽内部组织和氧气接触，就能有效阻止陶瓷材料在高温下的破坏过程。研究人员模仿人类掌茧等生物材料表层的环境自适应性，用热压工艺制备了 NbN/Si_3N_4 复合材料，实验表明 NbN/Si_3N_4 复合材料具有较好的高温抗氧化性能。高温抗氧化性的原理是微量 NbN 添加剂使陶瓷材料表面形成一层致密的氧化物保护层，阻断氧气向内部侵入，而且这些氧化物保护层的化学状态和组织结构能自动调整，与所处环境的温度和氧分压相适应，以达到最佳抗氧化效果，从而阻止裂纹向材料内部扩展，延长其使用寿命。

2. 氮化硅陶瓷内部裂纹的自愈合

在 Si_3N_4 基体中，加入微波吸收性强的 TiC 添加剂，制成 TiC/Si_3N_4 复合材料，并在表面预制裂纹。将该烧结体置于微波炉中，1100℃ 条件下处理20~30min，发现预制裂纹几乎完全愈合，且材料的强度仍然保持在其原始强度的80%以上。其作用原理是材料内部均匀分散的微波吸收剂迅速升温，促进周围化学扩散和物质软化流动，使内部微细裂纹愈合。这种具有裂纹自愈合功能的陶瓷材料，在微波辐射下可以使损失的强度得以有效恢复，使某些价值昂贵或难以更换的特殊陶瓷部件可望多次长期使用。

3. 氧化锆相变自增韧陶瓷

氧化锆增韧陶瓷是一类很有前途的新型结构陶瓷材料。这类陶瓷中氧化锆有相变特性，可增加材料的断裂韧性和抗弯强度，最可贵的是它能响应外界环境的变化，吸收环境冲击能，防止结构整体破坏，具有自诊断和自修复的功能。研究结果表明，当氧化锆晶粒尺寸比较大而稳定剂含量比较小时，陶瓷中的 T 型氧化锆晶粒在烧成后冷却至室温的过程中发生相变，相变所伴随的体积膨胀在陶瓷内部产生压应力，并在一些区域形成微裂纹。当主裂纹在这样的材料中扩展时，一方面受到上述压应力的作用，裂纹扩展受到阻碍；同时由于原有微裂纹的延伸使主裂纹受阻改向，也吸收了裂纹扩展的能量，提高了材料的强度和韧性，这就是微裂纹增韧。

4. 电致变色玻璃

电致变色是指材料在电场作用下而引起的颜色变化，这种变化是可逆的并且连续可调。利用电致变色材料的这一特性制造的玻璃具有对通过光、热的动态可调性制成智能窗，用于房屋的自动采光控制，使室内冬暖夏凉，减轻空调负荷，达到节约能源的目的。具有这种特点的玻璃用在汽车上，通过调节透光率保持驾驶室内光强适度，有利于司机安全驾驶。电致变色膜材料可以是 α-WO_3 或 NiO 薄膜。前者有蓝色变色特性，人的视觉难以适应；后者呈灰色变色特性，应用性能良好，这类材料可以用物理气相沉积或溶胶—凝胶方法制备。

四、智能化高分子材料

智能高分子是一类当受到外界环境的物理、化学乃至生物信号变化刺激时，其某些物理或化学性质会发生突变的高分子材料。智能高分子也常被称为"刺激响应性高分子""环境敏感性高分子"等，是一种能感觉周围环境变化，而且针对环境的变化能采取响应对策的高分子材料。这是通过分子设计和有机合成的方法使高分子材料本身具有生物所赋予的高级功能，如自我修复与自我增强功能，认识与鉴别功能，刺激与响应功能等。目前主要的智能高分子材料有智能高分子凝胶、形状记忆高分子材料、智能织物、智能高分子膜和智能高分子复合材料等。

1. 智能型高分子凝胶

高分子凝胶由三维网络结构（交联结构）的高聚物和溶胀剂组成，网络可以吸收溶胀剂而溶胀。智能高分子凝胶是指结构、物理和化学性质可以随外界环境改变而变化的高分子凝胶，当这种凝胶受到环境刺激时其结构和特性（主要是体积）会随之响应。如当溶剂的组成、pH 值、离子强度、温度、光强度和电场等刺激信号发生变化时，或受到特异的化学物质的刺激时，凝胶的体积会发生突变，呈现体积相变行为（溶胀相—收缩相），即当凝胶受到外界刺激时，凝胶网络内的链段有较大的构象变化，呈现溶胀相或收缩相，因此凝胶系统发生相应的形变。一旦外界刺激消失时，凝胶系统有自动恢复到内能较低的稳定状态的趋势。

根据交联网络键合机理的不同，凝胶可分为物理凝胶和化学凝胶。物理凝胶是通过物理作用如静电作用、氢键、链的缠结等方式形成的凝胶，这种凝胶是非永久性的，通过加热，凝胶可以转变为溶胶，所以也被称为热可逆凝胶。

例如许多天然高分子，在常温下呈稳定的凝胶态，当温度超过60℃，凝胶逐渐转变成为溶胶，如K型卡拉胶等。在合成聚合物中，聚乙烯醇（PVA）是一个典型的例子，经过冰冻—融化处理，可得到在60℃以下稳定的水凝胶。化学凝胶是由化学键交联形成的具有三维网络结构的聚合物，是永久性的，又称为真凝胶。根据大小形状的不同，凝胶有大凝胶与微凝胶之分，目前制备的微凝胶有微米级和纳米级。凝胶可以由一种或多种单体通过电离辐射、紫外线照射、物理缠结、氢键（或静电作用）复合以及化学试剂引发交联聚合的方法得到。合成凝胶的单体很多，大致分为中性（如甲基丙烯酸羟烷基酯、丙烯酰胺及其衍生物、丙烯酸酯及其衍生物）、酸性或阴离子型（如丙烯酸及其衍生物、苯乙烯磺酸钠），碱性或阳离子型（如乙烯基吡啶）等。

就高分子凝胶的形成而言，在其溶剂的作用下，将会发生溶胀。其溶胀的过程通常包括三个步骤：小分子溶剂（如水）向高分子网络的扩散；在溶剂化作用下，高分子链段开始松弛，构象发生变化；高分子链向空间伸展，使凝胶网络受力产生弹性回缩。当这两种相反的倾向达到平衡时，凝胶呈溶胀平衡状态，因此高分子凝胶的性质与其高分子网络的结构及其所包含的液体与高分子链的亲和力有关。由于智能型凝胶的结构特点，在其中通常存在可离子化基团，如羧基、季氨基、磺酸基等，为电解质凝胶。若将这种凝胶结构放于纯水中，由于其中的可离子化基团解离，带离子的高分子网络由于静电斥力的作用而伸展，因此可吸收大量的水分，当向其中加入小分子电解质溶液时，其解离出来的与高分子链上的离子电荷相反的盐离子在高分子链周围聚集，从而中和高分子链上的离子，使凝胶产生收缩。

利用凝胶的变形、收缩、膨胀的性能，可以产生机械能，从而建立起将化学能转变为机械能的系统。表4-1列出了智能型高分子凝胶的一些应用领域，其中有些凝胶产品已进入市场。

表4-1 智能型高分子凝胶的应用举例

领域	用途
传感器	pH值和离子选择传感器、生物传感器、断裂传感器、超微传感器
驱动器	人工肌肉
显示器	可在任何角度观察的热、盐或红外敏感的显示器温度和电敏感光栅
光通信	用于光滤波、光通信
药物载体	控制释放、定位释放

续表

领域	用途
选择分离	稀浆脱水、大分子溶液增浓、膜渗透控制
生物催化	活细胞固定、可逆溶解生物催化剂、反馈控制生物催化剂、强化传质
生物技术	亲和沉淀、两相体系分配、调制色谱、细胞脱附
智能织物	热适应性织物和可逆收缩织物
智能催化剂	温敏反应"开"和"关"催化系统

2. 形状记忆功能高分子材料

形状记忆高分子材料是利用结晶或半结晶高分子材料经过辐射交联或化学交联后，形成的具有记忆效应的一类新型智能高分子材料。在医疗上，形态记忆高分子树脂可代替传统的石膏绷带。具有生物降解性的形状记忆高分子材料可做医用组合缝合器材、止血钳等。航空上，形状记忆高分子树脂被用于机翼的震动控制。利用高分子形状记忆材料可制备出热收缩管和热收缩膜等。形状记忆高分子或形状记忆聚合物（SMP）作为一种功能性高分子材料，是高分子材料研究、开发、应用的一个新分支，并且由于形状记忆高分子与纺织材料具有相容性，在纺织、服装以及医疗护理产品中具有潜在的应用优势。

通常认为，形状记忆高分子材料可看作是两相结构，即由在形状记忆过程中保持固定形状的固定相（或硬链段）和随温度变化，能可逆地固化和软化的可逆相（或软链段）组成。可逆相一般为物理交联结构，通常在形状记忆过程中表现为软链段结晶态、玻璃态与熔化态的可逆转换；固定相则包括物理交联结构或化学交联结构。在形状记忆过程中其聚集态结构保持不变，一般为玻璃态、结晶态或两者的混合体。因此，该类聚合物的形状记忆机理可以解释为：当温度上升到软链段的熔点或高弹态时，软链段的微观布朗运动加剧，易产生形变，但硬链段仍处于玻璃态或结晶态，阻止分子链滑移，抵抗形变，施以外力使其定型。当温度降低到软链段玻璃态时，其形变被冻结固定下来，提高温度，可以回复至其原始形状。也可以这样认为，形状记忆高分子就是在聚合物软链段熔化点温度上表现为高弹态，人为地在高弹态变化过程中引入温度下降或上升等因素，高分子材料则发生从高弹态到玻璃态之间转化的过程。

形状记忆高分子材料在常温范围内应具有塑料的性质，即稳定的形状和一定的力学强度，而在形状记忆温度下，具有橡胶的性质，表现为可变形性和形状恢复性。根据上述的原理，对不同的高分子材料，作为形状记忆高分子使用时，在其结构上应具有不同的特点。对于结晶性高聚物要求适度结晶，此时晶区作为物理交联点存在，限制高分子链在形状记忆温度时的滑移（如聚氨酯），但是当结晶温度过高时将无法产生形状记忆功能；对于无定形聚合物，要求其相对分子量足够大，大分子间的缠结足够紧密，在温度大于玻璃化温度（T_g）接近流动温度（T_f）时，缠结点也不会因松弛而解除；对于交联高聚物，如交联聚乙烯，交联聚乙酸乙烯酯等，其交联度必须适当，否则将会因交联度过高而无法实现聚合物的形变，而当交联度过低时，其形变容易，但对形状的恢复会产生一定的困难；对于一些微相分离材料，对两相之间玻璃化温度的差异有一定的要求，两相的玻璃化温度相距较近时，其形状记忆功能则不能明显地体现出来。另外作为形状记忆材料，需要较好的实用性，二次成型要容易，且不能影响记忆的准确性，即可逆相的玻璃化温度不能太高或太低，可逆相的形变温度与固定相的软化温度不能太近。

与形状记忆合金相比，形状记忆高分子具有如下的特点：①形状记忆高分子的形变量高，如形状记忆聚异戊二烯和聚氨酯的形变量均高于400%，而形状记忆合金则较低，一般在10%以下；②形状记忆高分子形状恢复温度可通过化学方法加以调整，对于确定组成的形状记忆合金的形状恢复温度一般都是固定的；③形状记忆高分子的形状回复应力一般比较低；④形状记忆高分子耐疲劳性差，重复形变次数较低；⑤形状记忆高分子只有单程记忆功能，而在形状记忆合金中有双程记忆效应和全程记忆效应。主要的形状记忆高分子材料有反式聚异戊二烯（TPI）、交联聚乙烯（XLPE）、聚降冰片烯、聚氨酯（PU）以及环氧树脂等。尽管形状记忆高分子开发时间不长，但由于其具有质轻价廉、形变量大、成型容易、赋形容易、形状恢复温度便于调整等优点，目前已在医疗、包装、建筑、玩具、汽车、报警器材等领域应用，并可望在更广泛的领域开辟其潜在的用途。

3. 智能型高分子复合材料

智能型高分子复合材料具有自愈合、自应变等功能。树脂基复合材料由树脂与增强材料（如常用的碳纤维、玻璃纤维等）组成，它为制品提供高的性能。但材料中常由于应力的作用而存在许多肉眼不易觉察的缺陷，如微小的裂纹、分层等，它们对材料性能的影响是不可忽视的，因此对它们的监控及修补对提高复合材料的性能和使用寿命是相当重要的。复合材料应具有自我监控和自我修复能力，即复合材料具有智能性。

将树脂（热固性树脂或热塑性树脂）与各种传感材料（如碳纤维、光线、记忆合金等）复合制备成复合材料，可以开发应力传感器，它可以感知复合材料在受力过程中微小的应力的变化，从而对其中的缺陷进行预知。同时利用高聚物、低聚物和共聚物的聚集体分子间氢键的破坏和建立，并将之转变为电信号，也可以应力传感器的研究。若将含特定化学物质的纤维或其他的复合体置于树脂基复合材料中，在外力作用下纤维断裂，与基材剥离或因腐蚀而达到一定的 pH 值时，纤维将释放出其中的化学物质，通过固化和交联等作用使材料增强，从而达到自修复的目的。

具有自监控能力的复合材料一方面是其中在埋入传感器，但它不可避免地会对材料的性能产生一定的影响，而本质的智能结构复合材料则无需向其中加入传感器，而使利用其中所用的增强纤维的自身性能即可具有应变敏感、裂纹敏感、温度敏感、热点敏感等功能，如向其中加入连续的可导电的碳纤维，即可使材料具有上述的功能，而碳纤维也是一种重要的增强材料。

碳纤维增强的树脂基复合材料中，在受到冲击作用后，将在其结构中产生微小的裂纹或分层，若不进行及时修复，将会导致材料的最终破坏，而且这些缺陷也会促使杂质进入到材料的内部。因此，对材料内部的破坏的检测是相当重要的，当材料发生破坏后对之进行修复使之恢复原有的强度也同样重要。复合材料的修复技术方法相当多，常用的传统方法是将其破损部分除去，重新对之加固，以使应力可以有效地传递，但这种方法费时费力。

4. 其他智能型高分子材料

（1）智能型液晶高分子：液晶聚合物（LCP）在高性能材料上的应用研究已取得了极大的发展，由于主链型的高分子液晶的链段运动困难，其响应速度慢，因此，在液晶的智能性和功能性研究中主要着眼于侧链型的高分子液晶及高分子聚合物和小分子液晶的共混物。在电场或磁场中，液晶基元发生诱导取向，光学性质将出现变化，因此液晶同电、磁和光功能密切相关。此外，盘状的液晶正逐渐受到重视，它适于制备自增值材料和功能性分子聚集体。

（2）生物工程用智能型高分子：由于智能型高分子材料具有感知和修复的能力，因此也可将之运用于生物工程方面。如将具有导电性的聚噻吩接枝于聚合物凝胶上，在施加 $-0.8 \sim 0.5V$ 的正弦波电场时，它将出现体积膨胀和收缩现象，当期变形被严格限制在一定空间时，它将产生 10kPa 的作用力，可将其应用于小型的制动装置或瓣膜。

（3）智能高聚物微球：智能微球是从细胞仿生角度出发而提出的，它力图用人工方法模拟细胞和细胞膜的功能，使之具有对环境可感知和响应的能力，并具有功能发现能力。智能微球的尺寸在纳米到毫米范围，它可以通过溶液或凝胶、微乳液聚合、种子聚合、喷雾干燥、悬浮聚合等方法制备，也可以利用微囊化技术，制备将核物质包于其中的复合微球。微囊微球具有尺寸小、表面积大、内体积适宜和有稳定的半透膜等特点，可应用制作可控释药物体系、急性中毒的解毒剂、载酶微囊、生物反应器等。智能微球及其复合体系在电磁流变液、生物医用高分子、分子识别及分子印迹聚合物、化学反应催化剂、电磁波屏蔽和吸收材料方面均有广泛的应用前景。

（4）智能高分子薄膜：智能高分子薄膜是以二维形式存在的材料，其智能化在于使之具有对外部环境产生感知、响应性，如智能化的控制渗透膜、具有传感器功能膜、分子自组装膜、LB 膜等。它们可用于制备人工皮肤、分子电子器件、传感器、各种非电子光学器件等。

（5）智能高分子纤维：将某些智能型的高聚物直接制成纤维或将其作为涂层涂覆于织物上，可以得到智能高分子纤维，它们能感知外部环境的变化与刺激，如光、热、电场、温度、磁场等，并对这做出反应，这就是智能高分子纤维。近年来，智能纤维得到了迅速发展，如作为光纤传感器纤维、导电纤维、形状记忆纤维、变色纤维、蓄热调温纤维、调温和调湿纤维等都已实现了工业化生产，它在纺织业、信息业、宇航工业、医疗等方面都体现了重要的用途，例如，智能型纤维作为纺织物，可以具有防水透湿、随环境改变颜色、调湿调温等功能。

五、电、磁流变液

1. 电流变液

电流变液是粒径为 μm 级的可极化粒子分散于绝缘油中形成的一种悬浮液。在电场作用下，由于粒子和绝缘油的介电常数不匹配，粒子便会发生极化，沿电场方向形成粒子链或柱，使流体的黏度显著提高，甚至发生液固转变。这种在电场作用下，流变性能的迅速可逆变化称为电流变液效应。

电流变液研究开始于 1947 年温斯洛的工作，因此，电流变液现象有时也称为温斯洛现象。起初，人们将因电场的作用使体系流动阻力的增加归之于其黏度的增加，便将这种物质称为电黏度液，随着研究的深入，人们发现此物质在电场下呈宾汉姆塑性流体特性，主要还是屈服应力的变化。因此，人们将具有温斯洛现象的悬浮液改称电流变液。人们认识到电流变液可以通过改变电压控制机械传动，这种控制能耗小、响应快、结构紧凑，连续可调的范围宽、经济耐用等特点，应用前景看好。由于存在一些技术难题，例如，使用温度范围不宽和分散体系不够稳定等问题，中间经过了几十年的沉寂，直到20世纪80年代，这些技术难题得到部分解决，实际应用的前景逐渐明朗，其研究才重新引起重视。目前，国外已有电流变液商品出售，但其性能仍有待改进。从材料的角度来看，性能优良的电流变液应该具有以下特点：导电性低、消耗功率小和介电击穿电压高；工作温度范围宽；性能稳定、不沉降；开、关特性好，响应时间快；不通电时，黏度尽可能小。

电流变液为一悬浮体系，较易聚沉。怎样长时间保持其稳定性，同时又具有较大的电流变液性质是相当困难的，有许多工作要做，尤其在化学领域，具有相当大的研究价值。克服沉降最容易想到的方法就是使分散介质和分散相变的密度相匹配。但这比较困难，因为分散相密度一般较大（如 SiO_2、$BaTiO_3$ 等），即使能找到密度大的分散介质，一般毒性也大（如卤代碳氢化合物），同时也不可能严格地使密度相等。对于高聚物粒子，在某一温度下密度匹配虽然容易达到，但由于分散介质和分散相的膨胀系数不同，难以做到所有温度下都匹配。胶体化学中，常利用布朗运动克服沉降，但分散相粒径在胶体尺寸时，布朗运动又会妨碍电场作用下粒子链的形成。另外一种方法就是对分散相表面改性或添加适当的表面活性剂。为避免增大体系的导电性，一般使用非离子表面活性剂为宜。这方面的研究是电流变液实用化的关键，直得充分重视。近期有人发现某些单相溶液也具有电流变液效应，如聚（γ-苄基-L-谷氨酸）或聚（己基异氰酸盐）溶液。

由于电流变液材料的快速电场响应性，它可用于振动控制、自动控制、扭矩传输、冲击控制等方面，其主要应用之一就是用作汽车制造业中的传动装置和悬挂装置，如离合器、制动器、发动机悬挂装置等。用电流变液材料制备的离合器，通过电压控制离合程度，可实现无级可调，易于用计算机控制。未施加电场时，电流变体为液态，而且黏性低，不能传递力矩；当施加电场后，电流变体的黏度随电场强度的增大而增大，能传递的力矩也相应地增大，当电流变体变成固态时，主动轴与滑轮结合成为一整体。

电流变液材料还可用作阻尼装置、防震装置，如车用防震器、精密定位阻尼器等。电流变材料亦可看作液体阀，用于机械人手臂等的控制中。用电流变液材料制得的装置有着传统机械无法比拟的优点，如响应速度快、阻尼设备精确可调、结构简单等。随着电流变液材料的不断开发研究，它将取代传统机电机械元件，作为电子控制部分和机械执行机构的连接纽带，使设备更趋简单、灵活。实现动力的高速传输和准确控制的目的，这将给某些领域带来革命性的变化。

2. 磁流变液

尽管电流变液在许多方面显示了广泛的应用前景，但由于需要几千伏的工作电压，因而安全性和密封是电流变液存在的严重问题。由于磁流变液（MRF）的剪切应力比电流变体大一个数量级，且磁流变体具有良好的动力学和温度稳定性，因而磁流变液近几年更受关注。磁流变液由磁性颗粒、载液和稳定剂组成，是具有随外加磁场变化而有可控流变特性的特定的非胶体性质的悬浮液体。磁性颗粒一般用球形金属及铁氧体磁性材料（颗粒尺寸范围为 $0.01\mu m \sim 10\mu m$）。作为连续绝缘介质的载液一般用硅油、煤油或合成油，可选择温度稳定性好、非易燃且不会造成污染的载液。稳定剂是用来确保颗粒悬浮于液体中，稳定剂具有特殊的分子结构：一端有一个对磁性颗粒界面产生高度亲和力的钉扎功能团；另一端还需有一个极易分散于载液中去的适当长度的弹性基团。

若磁流变液受到中等强度的磁场作用时，其表观黏度系数增加两个数量级以上；当磁流变液受到强磁场作用时，就会变成类似固体的状态，流动性消失。一旦去掉磁场后，又变成可以流动的液体。这种将固体，液体和磁性的特性统一在同一种材料中，孕育着许多崭新的应用。该变化的微观机理可简单描述为：在外加磁场作用下，液体中的颗粒产生偶极矩，通过偶极子之间的相互作用，为了达到能量最小要求而形成长链，外磁场的加大，使这种链状结构进一步发生聚集，形成复杂的团簇结构，这种微观结构上的变化直接导致液体流变性质发生变化。由于磁性颗粒具有一定的固有磁矩，故其流变学性质的变化较电流变体更显著。

第五章　新型光学功能材料

一、光学材料概述

光学材料包括光学介质材料和光学功能材料。传统的光学材料主要是指介质材料，这些材料或者以折射、反射和透射的方式改变光线的方向、强度和位相，使光线按照预定的要求传输，或者通过吸收或透过一定波长范围的光线而改变光线的光谱部分。光学功能材料是指在力、声、热、电、磁和光等外场的作用下，其光学性质发生变化，从而起光的开关、调制、隔离、偏振等作用，用于照明、信息显示、探测、功能转换等方面。

光学材料的分类有很多方法，按其材质分类，可将其分为无机材料、半导体材料和有机高分子材料；按其结构与形态分类，有晶体材料、液晶材料、玻璃材料、薄膜材料、纳米材料等；根据光与外场强度的光学效应分类，有线性光学材料和非线性光学材料两种；按其功能可分为：介质材料、发光材料、光记录材料、光控制材料和光能转换材料等。近代光学的发展，特别是激光的出现，使光学材料得到了迅速发展，各种光学材料在国民经济和国防建设领域都发挥着重要作用。

二、激光材料

自第一台激光器诞生后，激光技术便成为一门新兴科学发展起来，并且激光的出现又大大促进了光学材料的发展。由受激发射的光放大产生的辐射称为激光。激光材料实质上也是发光材料，与普通发光材料不同的是激光材料产生的光子属于同一光子态，相干性好，且光强度极高。

1. 激光产生的原理及特点

激光的产生过程可简单叙述为：当激光工作物质的粒子（原子或分子）吸收了外来能量后，就要从基态跃迁到不稳定的高能态，很快无辐射跃迁到一个亚稳态能级。粒子在亚稳态的寿命较长，所以粒子数目不断积累增加，这就是泵浦过程。当亚稳态粒子数大于基态粒子数，即实现粒子数反转分布，粒子就要跌落到基态并放出同一性质的光子，光子又激发其他粒子也跌落到基态，释放出新的光子，这样便起到了放大作用。如果光的放大在一个光谐振腔里反复作用，便构成光振荡，并发出强大的激光。

激光的特点主要有：①相干性好，所有发射的光具有相同的相位；②单色性纯，因为光学共振腔被调谐到某一特定频率后，其他频率的光受到相消干涉；③方向性好，光腔中不调制的偏离轴向的辐射经过几次反射后被逸散掉；④亮度高，激光脉冲有巨大的亮度，激光焦点处的辐射亮度比普通光高 $10^8 \sim 10^{10}$ 倍。

2. 激光材料的分类及性能要求

激光材料分为固体、液体和气体激光工作物质。它们构成的激光器中固体激光器是最重要的一种，它不但激活离子密度大，振荡频带宽并能产生谱线窄的光脉冲，而且具有良好的机械性能和稳定的化学性能。固体激光工作物质又分为激光晶体材料和激光玻璃材料两种。

激光器要实现自激振荡，除了具备粒子数反转和受激辐射概率远远大于自发辐射概率，即受激辐射占主导以外，还需增益大于损耗。由此可以看出一种优良的激光工作物质应该具有以下几个特点：

（1）良好的荧光和激光性能。为了获得较小的阈值和尽可能大的激光输出能量，一般要求材料在光源辐射区交界有较强的有效吸收，而在激光发射波段上应无光吸收。要有强的荧光辐射，高的量子效率，适当的荧光寿命和受激发射截面等。

（2）优良的光学均匀性。晶体内的光学不均匀性不仅使光通过介质时波面变形，产生光程差，而且还会使其振荡阈值升高，激光效率下降，光束发散度增加。晶体的静态光学均匀性尽量小，即要求内部很少有杂质颗粒、包裹物、气泡、生长条纹和应力等缺陷，折射率不均匀性尽量小；晶体的动态光学均匀性要好就要求该材料在激光作用下，不因热和电磁场强度的影响而破坏晶体的静态均匀性。

（3）良好的物理化学性能。激光晶体必须具有很好的热学稳定性，激光器在工作时，由于激活离子的无辐射跃迁和基质吸收光泵的一部分光能而转化为热能，同时由于吸热和冷却条件不同，在激光材料的径向就会出现温度梯度，从而导致晶体光学均匀性降低。激光晶体还要求热膨胀系数小，弹性模量大，热导率高，化学价态和结构组分要稳定，以及有良好的光照稳定性等。

3. 激光晶体材料

大多数激光晶体是含有激活离子的荧光晶体，按晶体的组成分类，它们可分为掺杂型激光晶体和自激活激光晶体两类。然而，前者占了现有激光晶体的绝大部分。掺杂型激光晶体由激活离子和基质晶体两部分组成。现有的激活离子主要有四类，分别是过渡族金属离子、三价稀土离子、二价稀土离子和锕系离子，常用的主要为前两类。近来，已开始进一步研究其他金属离子作为激活离子的可能性。基质晶体是指那些阳离子与激活离子半径、电负性接近、价态尽可能相同、物理化学性能稳定和能方便地生长出光学均匀性好的大尺寸晶体，主要有氧化物和复合氧化物、含氧金属酸化物、氟化物和复合氟化物三大类。当激活离子成为基质的一种组分时，就形成了所谓的自激活晶体。一般来说，提高效率的途径之一是提高激活离子浓度，但是激活离子浓度增加到一定程度时，会产生浓度猝灭效应。考虑能级间能量的电偶极交叉弛豫，高浓度自激活激光晶体的基本物理要求是，不存在通过共振交叉弛豫使亚稳能级退激发的通道和激活离子间具有较大的间距。

4. 激光玻璃材料

尽管玻璃中激活离子的发光性能不如在晶体中好，但激光玻璃储能大，基质玻璃的性质可按要求在很大范围内变化，制造工艺成熟，容易获得光学均匀的、从直径为几微米的光纤到长达几十厘米的玻璃板，以及价格便宜等特点，使激光玻璃在高功率光系统、纤维激光器和光放大器，以及其他重复频率不高的中小激光器中得到了广泛的应用，与激光晶体一起构成了固体激光材料的两大类，并得到了迅速的发展。由于配位场的作用，使基质玻璃中极大部分 3d 过渡金属离子实现激光的可能性较少，而稀土离子由于 5s 和 5p 外层电子对 4f 电子的屏蔽作用，使它在玻璃中仍保持与自由离子相似的光谱特性，容易获得较窄的荧光，因此在激光玻璃中激活离子是以 Nd^{3+} 离子为代表的三价稀土离子。作为基质玻璃，最早的激光输出是在掺钕钡冕玻璃中实现的。在此基础上，根据各种激光器对激光玻璃物理化学性质的要求以及制造工艺的可行性，研制出许多品种钕激光玻璃材料。

（1）硅酸盐激光玻璃。以冕牌无色光学玻璃为代表的光学玻璃具有化学稳定性好、力学和热力学性能优越、制造工艺成熟等优点，是最早被开发的激光玻璃系列。这类掺钕激光玻璃受激发射截面大、荧光寿命长，是优秀的激光材料，用它开发了许多调 Q 巨脉冲激光器件。组分为 $Na_2O-K_2O-CaO-SiO_2$ 的 NO_3 牌号硅酸盐激光玻璃是目前最常用的激光玻璃，它制作工艺成熟、玻璃尺寸大，因而成本低廉，适合于一般工业应用。组分为 $Li_2O-Al_2O_3-SiO_2$ 的 N_{11} 牌号锂硅酸盐激光玻璃，可以通过离子交换进行化学增强，可获得调 Q 巨脉冲激光。

（2）磷酸盐激光玻璃。20 世纪 70 年代，随着激光核聚变技术的高功率激光器发展的需要，开发了磷酸盐激光玻璃。掺钕磷酸盐激光玻璃具有受激发射截面大，发光量子效率高，非线性光学损耗低等优点，通过调整玻璃组成可获得折射率温度系数为负数、热光性质稳定的玻璃，特别适合于制作核聚变用激光放大器。

（3）氟化物激光玻璃，是应激光核聚变需要开发的一种优秀的激光介质。氟化物激光玻璃从紫外线到中红外线有极宽的透射范围，这为激光波长在近紫外线或中红外线的一些激活离子掺杂、制作新激光波长的激光器提供了条件。氟化物激光玻璃的组成可分为两类：一类是氟铍酸盐玻璃，另一类是氟锆酸盐玻璃。含铍玻璃有剧毒，给玻璃制备、加工带来巨大困难，使其应用难以推广。氟锆酸盐玻璃是一种超低损耗的红外光学材料，在中红外区具有很高的透射率，近年来它作为光纤激光器工作物质得到了很大发展。

5. 半导体激光材料

1962 年，GaAs 半导体激光器首先被研制成功，由于其体积小、效率高、结构简单而坚固，引起人们极大的兴趣。但又由于其阈值电流高、光束单色性差、发散度大，输出功率小，在一段时间内发展十分缓慢。至 20 世纪 70 年代末，光盘技术和光纤通信的发展，推动了半导体激光器和半导体激光材料的发展。半导体激光材料主要有Ⅲ－Ⅴ族半导体和Ⅱ－Ⅵ族半导体。

三、红外光学材料

红外线同可见光一样在本质上都属于是电磁波，其波段介于可见光和微波之间（$0.76 \sim 1000 \mu m$）。通常按波长把红外光谱分成四个波段：近红外（$0.76 \sim 3 \mu m$）、中红外（$3 \sim 6 \mu m$）、中远红外（$6 \sim 20 \mu m$）和远红外（$20 \sim$

1000μm）。红外线是由物质内部的分子、原子的运动所产生的电磁辐射。理论上，在0K以上时，任何物体均可辐射红外线，故红外线是一种热辐射，有时也叫热红外。红外光学材料是指与红外线的辐射、吸收、透射和探测等相关的一些材料。

1. 红外辐射材料

在工程上，红外辐射材料是指能吸收热物体辐射而发射大量红外线的材料。红外辐射材料可分为热型、"发光"型和热"发光"混合型三类。

（1）红外辐射材料的辐射特性。

红外辐射材料的辐射特性决定于材料的温度和发射率。而发射率是红外辐射材料的重要特征值，它是相对于热平衡辐射体的概念。热平衡辐射体是指当一个物体向周围发射辐射时，同时也吸收周围物体所发射的辐射能，当物体与外界进行能量交换慢到使物体在任何短时间内仍保持确定温度时，该过程可以看作是平衡的。当红外线辐射到任何一种材料的表面上时，一部分能量被吸收，一部分能量被反射，还有一部分能量被透过。影响材料反射、透射和辐射性能的有关因素必然会在其发射率的变化规律中反映出来。材料发出辐射是因组成材料的原子、分子或离子体系在不同能量状态间跃迁产生的。这种发出的辐射在短波段主要与其电子的跃迁有关，在长波段则与其晶格振动特性有关。红外加热技术中的多数辐射材料，发出辐射的机制是由于分子转动或振动而伴随着电偶矩的变化而产生的辐射。因此，组成材料的元素、化学键形式、晶体结构以及晶体中存在缺陷等因素都将对材料的发射率发生影响。

一般来说，金属导电体的发射率较小，电介质材料的发射率较高，存在这种差异的原因与构成金属和电介质材料的带电粒子及其运动性直接有关。带电粒子的特性不同，材料的电性和发射红外辐射的性能就不一样，而这往往与材料的晶体结构有关。例如，氧化铝、氧化硅等电介质材料属于离子型晶体，它主要靠正、负离子的静电力结合在一起；碳化硅、硼化锆、氮化锆等材料属于共价晶体，它们是靠两个原子各自贡献自旋相反的电子，共同参与两个原子的束缚作用；铝等金属晶体的结构可以看作是正离子晶格内自由电子把它们约束在一起。显然，在晶格中存在杂质、缺陷时，都会影响晶体的结构参数，使材料的发射率发生变化。

多数红外辐射材料，其发射红外线的性能，在短波主要与电子在价带至导带间的跃迁有关；在长波段主要与晶格振动有关。同一种原材料因热处理工艺条件不同而有不同的发射值。例如，经 700℃ 空气处理与经 1400℃ 煤气处理的氧化钛的常温发射率分别为 0.81 和 0.86。红外线在金属表面上的发射性能与红外线波长对表面不平整度的相对大小有关，与金属表面上的化学特征（如油脂玷污、附有金属氧化膜等）和物理特征（如气体吸附、晶格缺陷及机械加工引起的表面结构改变等）有关。一般来说，材料表面愈粗糙，其发射率愈大。据报道，铬镍铁合金经不同表面处理后，其发射率有大幅度的变化。电抛光、喷砂、电抛光后再氧化这三种方法使其在 482℃ 时的发射率分别为 0.11、0.31、0.60。

（2）常用的红外辐射材料及其应用。

常用发射率高的红外辐射材料有石墨、氧化物、碳化物、氮化物以及硅化物等。红外辐射搪瓷、红外辐射陶瓷以及红外辐射涂料等是一般红外辐射材料通常使用的形式。红外辐射涂料由辐射材料的粉末与黏合剂等按适当比例混合配制而成，通常涂敷在热物体表面构成红外辐射体。

红外辐射材料在热能利用方面可用作红外加热、耐火材料等。红外加热与干燥是指利用热辐射体所发射出来的红外线，照射到物体上并被吸收后转换成热（或同时伴随其他非热效应），从而达到加热、干燥的目的。如在机械和金属领域用于机械设备的金属部件、船舶的喷漆烘干，铸型的干燥等；在化工领域用于热塑性树脂的干燥、玻璃和陶瓷的预热和烧结等；在医疗领域用于促进血液循环和汗腺的分泌、外伤的治疗等；在食品工业领域用于冷冻谷类捆包前的脱水、稻谷水果的烘干，等等。高发射率红外辐射涂层属于不定形耐火材料中的一种，一般被涂于加热炉的炉衬耐火砖或耐火纤维毡表面，也可涂于测温套管、烧嘴砖等表面，将十分有利于热能的利用。在军事方面，红外辐射材料可用于红外伪装和红外诱饵器。红外伪装的最基本原理是降低和消除目标和背景的辐射差别，以降低目标被发现和识别的可能性。近红外伪装涂层要求目标与背景的光谱反射率尽可能接近；中、远红外伪装涂层则一般采用低发射率涂层材料，以弥补两者的温度差异。

红外诱饵器作为对付红外制导导弹的一种对抗手段，正受到重视。若采用固体热红外假目标，在表面涂上高发射率涂层，则能提高诱饵的红外辐射强度，从而提高假目标的有效性。选择不同辐射频率的材料做成的红外诱饵器可以模拟各种武器装备的红外辐射特征，更好地发挥红外诱饵假目标的作用。在航天领域中，航天器用红外辐射涂层是一种高温高发射率涂层，涂在航天器蒙皮表面上，作为辐射防热结构。

2. 红外透射材料

红外透射材料指的是对红外线透过率高的材料。对红外透射材料的要求，首先是红外光谱透过率要高，透过的短波限要低，透过的频带要宽。透过率定义与可见光透过率相同，一般透过率要求在50%以上，同时要求透过率的频率范围要宽。透红外材料的透射短波限，对于纯晶体，决定于其电子从价带跃迁到导带的吸收，即其禁带宽度。透射长波限决定于其声子吸收，和其晶格结构及平均原子量有关。

对用于窗口和整流罩的材料要求折射率低，以减少反射损失。对于透镜、棱镜和红外光学系统要求尽量宽的折射率。对红外透射材料的发射率要求尽量低，以免增加红外系统的目标特征，特别是军用系统易暴露。

目前实用的光学红外透射材料有二三十种，可以分为晶体、玻璃、透明陶瓷、塑料等，人们很早就利用晶体作为光学材料。在红外线区域，晶体也是使用最多的光学材料。与玻璃相比，其透射长波限较长，折射率和色散范围也较大。不少晶体熔点高，热稳定性好，硬度大，而且只有晶体才具有对光的双折射性能。但晶体价格一般较贵，且单晶体不易长成大的尺寸，因此，应用受到限制。作为红外光学材料的单晶体主要有锗、硅半导体，等等。硅在力学性能和抗热冲击性上比锗好得多，温度影响也小，但硅的折射率高，使用时需镀增透膜，以减少反射损失。另一类单晶体是离子晶体——碱或碱土金属卤化物，如 CsI 和 MgF_2。其中 MgF_2 做导弹镇流罩时多采用热压法制成的多晶体产品，其具有高于90%的红外透射率，是较为满意的透红外窗口材料。玻璃的光学均匀性好，易于加工成型，而且便宜。缺点是透过波长较短，使用温度低于500℃。红外光学玻璃主要有以下几种：硅酸盐玻璃、铝酸盐玻璃、镓酸盐玻璃、硫属化合物玻璃。氧化物类玻璃的有害杂质是水分，其透过波长不超过7 μm。硫族化合物玻璃透过红外波长范围较宽。烧结的陶瓷，由于进行了固态扩散，产品性能稳定，目前已有十多种红外透明陶瓷可供选用。Al_2O_3 透明陶瓷不只是透过近红外线，而且还可以透过可见光，它的熔点高达2050℃，性能和蓝宝石差不多，但价格却便宜得多。稀有金属氧化物陶瓷是一类耐高温的红外光学材料，其中的代表是氧化钇透明陶瓷。它们大都属于立方晶系，因而光学上是各向同性的，与其他晶体相比晶体散射损失小。塑料也是红外光学材料，但近红外材料性能不如其他材料，故多用于远红外材料。

四、发光材料

发光是一种物体把吸收的能量，不经过热的阶段，直接转换为特征辐射的现象。发光现象广泛存在于各种材料中，因此，发光材料品种很多，按激发方式可分为：光致发光材料、电致发光材料、阴极射线致发光材料、热致发光材料、等离子发光材料，等等。

1. 发光材料的发光机理及特征

发光材料的发光中心受激后，激发和发射过程发生在彼此独立的、个别的发光中心内部的发光叫作分立中心发光。它是单分子过程，有自发发光和受迫发光两种情况。自发发光是指受激发的粒子（如电子）受粒子内部电场作用从激发态回到基态时的发光。它的特征是与发射相应的电子跃迁的概率基本上决定于发射体内的内部电场，而不受外界因素的影响。受迫发光是指受激发的电子只有在外界因素的影响下才发光。它的特征是发射过程分为两个阶段：一是受激发的电子出现在受激态时，从受激状态直接回到基态上是禁止的。在受激态的电子，一般也不是直接从基态上跃迁来的，而是电子受激后，先由基态跃迁到激发态，再到受激态上，这样的受激态称为亚稳态。二是受迫发射的第一阶段是由于热起伏，电子吸收能量后，从受激态上到激发态，要实现这一步，电子在受激态上需要花费时间，从激发态回到基态是允许的，这就是受迫发射的第二阶段。由于这种发光要经过亚稳态，故又称受迫发光为亚稳态发光。

发光材料受激发时分离出一对带异号电荷的粒子，一般为正离子和电子，这两种粒子在复合时便发光，即复合发光。由于离化的带电粒子在发光材料中漂移或扩散，从而构成特征性光电导，所以复合发光又叫"光电导型"发光。复合发光可以在一个发光中心上直接进行，即电子脱离发光中心后，又回来与原来的发光中心复合而发光，呈单分子过程，电子在导带中停留的时间较短，是短复合发光过程。大部分复合发光是电子脱离原来的发光中心后，在运动中遇到其他离化了的发光中心复合发光，呈双分子过程，电子在导带中停留的时间较长，是长复合发光过程。

2. 光致发光材料

用紫外光、可见光及红外光激发发光材料而产生发光的现象称为光致发光，相应的这种材料便称为光致发光材料。一般可分为荧光材料和磷光材料两种。

吸收光转变为荧光的百分数称为荧光效率，荧光效率是荧光材料的重要特征之一。通常，荧光材料的分子并不能将全部吸收的光都转变为荧光，它们总是或多或少地以其他形式释放出来，一般来说，荧光效率与激发光波长无关。在材料的整个分子吸收光谱带中，荧光发射对吸收的关系都是相同的，即各波长的吸收与发射之比为一常数。然而荧光强度和激发光强度关系密切，在一定范围内，激发光越强，荧光也越强。定量地说，荧光强度等于吸收光强度乘以荧光效率。光的吸收和荧光发射均与材料的分子结构有关。材料吸收光除了可以转变为荧光外，还可以转变为其他形式的能量。因而，产生荧光最重要的条件是分子必须在激发态有一定的稳定性。多数分子不具备这一条件，它们在荧光发射以前就以其他形式释放了所吸收的能量，只有具备共轭键系统的分子才能使激发态保持相对稳定而发射荧光。因而，荧光材料主要是以苯环为基体的芳香族化合物和杂环化合物。

具有缺陷的某些复杂的无机晶体物质，在光激发时和光激发停止后一定时间内能够发光，这些晶体称为磷光材料。磷光材料的主要组成部分是基质和激活剂，用作基质的有第 II 族金属的硫化物、氧化物、硒化物、氟化物、磷酸盐、硅酸盐和钨酸盐等，用作激活剂的是重金属。所用的激活剂可以作为选定的基质的特征。激活剂与基质有着某种内在的关联，例如对 ZnS、CdS 而言，Ag、Cu、Mn 是最好的激活剂，而碱土磷光材料可以有更多的激活体，除 Ag、Cu、Mn 外，还有 Bi、Pb 和稀土金属，等等。

光致发光材料主要用于显示、显像、照明和日常生活中，如洗涤增白剂、荧光涂料等属于荧光材料，而一些灯用荧光粉材料都属于磷光材料。总的来看，磷光材料比荧光材料的应用更为普遍。

3. 电致发光材料

电致发光材料是指在直流或交流电场作用下，依靠电流和电场的激发使材料发光的现象。电致发光材料是禁带宽度比较大的半导体，在这些半导体内场致发光的微观过程主要是碰撞激发或离化杂质中心，它在与金属电极相接的界面上将形成一个势垒。在金属电极一面，电子要具有一定的能量才能克服这个势垒，进入半导体。从金属电极这一面看去，这个势垒像是垂直的陡壁。而在半导体内，由于空间电荷的存在，势垒的形状则近似地按照抛物线逐渐降下来。所以，在半导体内部的电场是不均匀的，电压的大部分落在势垒区。

当金属电极处于负电位时，电子从电极进入半导体的势垒虽然高度不变，但对半导体一侧遂穿到半导体的概率就明显地增大，而当电压增加时，这个概率就进一步增大。电子进入半导体后随即被半导体内的电场加速，动能增加。在沿电场方向的整个自由程内，能量愈积愈高。当它与发光中心或基质的某个原子发生碰撞时，它就会将一部分能量传递给中心或基质的电子，使它们被激发或被离化。被激发是指进入半导体的电子被加速到其能量大于发光中心的激发态的能量时，发光中心的电子从基态被激发到激发态。离化是指其能量已增大到足以把发光中心的电子或把基质的价带电子送到导带时，发光中心及基质就有可能被离化。第一种情形中，电子没有离开中心，只是从基态跃迁到激发态。当它从激发态跃迁到基态时，就发射出光。是分立中心的发光，属于单分子过程。在第二种情形中，电子离开了中心，进入导带而为整个晶格所有。电子和离化中心复合时，就发出光束，是电子及离化中心的复合发光，是双分子反应过程。

最常用的直流电致发光粉末材料有 ZnS: Mn，Cu，亮度约 $350Cd/m^2$；其他如 ZnS: Ag 可以发出蓝光；（ZnCd）S: Ag 可以发出绿光，改变配比（ZnCd）S: Ag 可以发出红光。它们都是在约 100V 的电压下激发，给出约 $70Cd/m^2$ 的亮度。近年来还试用在 CaS、SrS 等基质中掺杂稀土元素的材料。ZnS: Mn，Cu 的发光效率大约为 0.5lm/W。当前，在电致发光材料中，最受人们重视的是薄膜，薄膜的交流电致发光已经应用。它的机理和粉末材料中的过程一样，只是它不需要介质，而且可在高频电压下工作，发光亮度很高，发光效率也可达到几个 1m/W。还有这种屏的寿命很长，达到 10^4h 以上。

电致发光材料主要用途是制造电致发光显示器件。交流粉末电致发光显示板除了作照明板使用外，主要用作大面积显示。直流粉末电致发光显示板可用来作数字显示器、直流电致发光显示电视，等等。

4. 射线致发光材料

射线致发光材料可分为阴极射线致发光材料和放射线致发光材料两种。阴极射线致发光是由电子束轰击发光物质而引起的发光现象。放射线致发光是由高能的射线，或光射线轰击发光物质而引起的发光现象。这里，主要介绍阴极射线致发光材料和 X 射线致发光材料两种。

阴极射线致发光是在真空中从阴极出来的电子经加速后轰击荧光屏发出的光。这里有一个问题就是：如果轰击荧光屏的电子不被及时引走的话，留在屏中就会产生一个负电位，阻止飞来的电子继续轰击荧光屏。通常我们用逸出荧光屏的电子数目与留在屏内的电子数目之比来表征能否继续激发。这个比值跟屏与阴极间的电位差有关。在阴极射线发光过程中，经常遇到一些问题，比如当激发强度过大时，发光强度往往饱和。但是，在高速电子的轰击下，发光屏的温度将要上升，而当温度上升到一定值后发光的亮度将下降，这种现象称为温度猝灭，它和发光中心的结构密切相关。而在晶体中发光中心的电子态和它周围离子的数目、价态、方位及距离都有关系。由于晶格振动，发光中心的电子态也将发生相应的变化。必须注意的是，在使用阴极射线发光材料时，不仅要考虑它的亮度及影响亮度的几种因素，而且还必须选择另外两个重要的特性，即发光颜色及衰减。

X 射线致发光材料的发光原理为：发光材料在 X 射线照射下可以发生康普顿效应，也可以吸收 X 射线，它们都可产生高速的光电子。光电子又经过非弹性碰撞，继续产生一代又一代电子。当这些电子的能量接近发光跃迁所需的能量时，即可激发发光中心，或者离化发光中心，随后发出光来。也就是说，一个 X 射线的光子可以引发多个发光光子。最早应用于 X 射线探测的钨酸钙现在仍然被广泛地应用，这是由于它有几个优点：吸收效率高；发光光谱和胶片灵敏波段相适应；物理化学性质稳定，而且在制备中对原料纯度的要求不是很高。

硫化物也是一种较早就得到应用的材料，通用性就较强。它既可用于透视屏，又可用于增感屏，还可用于像加强器。碘化铯的发光效率和硫化物相同，都比较高，但它们对射线的吸收效率却比硫化物高，所以在 X 射线激发下，总的效率较高，是很好的材料。这类材料在大气及潮气中发光性能会下降，所以，碘化铯常用在像加强器中，它是一种电真空器件，也用于显示。稀土元素有两种用法：一是利用稀土元素做成稀土化合物，包括硫氧化物及卤氧化物；二是利用稀土元素作为材料中的激活剂。稀土离子的谱线丰富，所以改变掺杂的或基质中的稀土离子，就可以调节发光光谱。用稀土材料做成的射线增感屏和以钨酸钙做成的增感屏相比，其响应速度较快，一般要快 2~4 倍。

5. 等离子发光材料

等离子体是高度电离化的多种粒子存在的空间，其中带电粒子有电子、正离子，不带电的粒子有气体原子、分子、受激原子、亚稳原子，等等。等离子体的主要特征是：①气体高度电离，在极限情况时，所有中性粒子都被电离了。②具有很大的带电粒子浓度，由于带正电与带负电的粒子浓度接近相等，等离子体具有良好导体的特性。③等离子体具有电振荡的特性。在带电粒子穿过等离子体时，能够产生等离子基元，等离子基元的能量是量子化的。④等离子体具有加热气体的特性。在高气压收缩等离子体内，气体可被加热到数万度。⑤在稳定情况下，气体放电等离子体中的电场相当弱，并且电子与气体原子进行着频繁的碰撞，因此气体在等离子体中的运动可看作是热运动。

等离子体发光主要是利用了稀有气体中冷阴极辉光放电效应。发光的基本原理为：气体的电子得到足够的能量之后，可以完全脱离原子，即被电离。这种电子比在固体中自由得多，它具有较大的动能，以较高的速度在气体中飞行。而且电子在运动过程中与其他粒子会产生碰撞，使更多的中性粒子电离。在大量的中性粒子不断电离的同时，还有一个与电离相反的过程，就是复合现象。所谓复合就是两种带电的粒子结合，形成中性原子。在此过程中，电子将能量以光的形式放出来。自由电子同正离子复合时，辐射出的光能等于电子的离化能与电子动能之和。另外，正、负两种离子复合也可以发光，采用不同的工作物质可以产生不同波长的光，这种工作物质被称为等离子发光粒子。

等离子体发光材料的主要应用是制作等离子体发光显示屏，是目前显示技术中很受重视的显示方式之一。等离子体发光显示屏又分为交流驱动和直流驱动两种，直流等离子体显示屏是在直流驱动方式下的发光屏。这种显示屏有灰度级，可实现彩色，但发光效率低，分辨率也不高，结构也较复杂。交流驱动方式下的等离子体显示屏，发光亮度高，对比度好，寿命长，响应速度快，视角宽，但是驱动电压较高，功耗大，实现灰度阶及彩色显示有一定难度。

除上述发光材料外，热致发光材料的发现和使用最早，目前常用的材料如钨丝，主要用于白炽灯中，但是随着对光源亮度、发光效率、颜色等各种性能要求的不断提高，钨丝等热致发光材料逐渐为上述几种发光材料所取代。

五、光信息显示材料

将获得的信息信号显示出来，可以感觉得到，或者是将发出的信息转变成可传输的信号，如光源或电磁波等，必须使用信息的显示与发生材料。其技术要素主要包括荧光体发光、激光二极管、激光、电致变色、电子发射、声波发生以及光调制技术，等等。各种技术需要不同的材料，材料性能的好坏直接影响显示信息和发生信息的质量。

1. 荧光体发光显示材料

所谓荧光材料是在外部能量的激发下能发光的物质。在电能激发下的发光叫作电致发光，像荧光灯那样的在紫外光等光能量激发下的发光叫作光致发光，另外像电视机的显像管那样，在电子束能量的激发下的发光叫作阴极发光。

构成荧光体的一般形式是将活性物质（发光中心）固溶或分散在基体物质内，光致发光或者阴极发光是在外部能量的激发下，将发光中心的电子由基态激发到较高能级后，电子返回基态时出现发光。电致发光则是在外部电场的作用下，半导体基体中的电子被加速，与发光中心的电子发生碰撞，使发光中心的电子激发而发光的。作为显示材料的荧光体，要求发光波长适当，显示速度快，残光时间短，光束效率高。除此之外，对于电致发光，要求发光所需的电压小，光致发光则要求激发光的波长适当。

荧光体发光的材料主要是一些无机晶体或陶瓷材料。属于电致发光的材料主要有硫化锌 + 发光中心（如铜、氯、铅、铝、锰等）、硫化钙以及硒化锌等；光致发光的材料主要有氟氯磷灰石 + 发光中心（锑、锰），这一材料也是日光灯所使用的发光材料，它含有两种发光中心，锑发光为蓝色，锰发光为橙色，两者的混合色为白色。有趣的是，当不掺锑只掺锰时并不发光，所以锑既是发光中心，又是增感剂，使激发能量传递给锰发光。属于阴极发光的材料主要有氧硫化钇 + 铕（红色），硫化锌 + 铜或铝（绿色）和硫化锌 + 银（蓝色）等，这里举出的三种材料正是目前的彩色电视机和显示器等使用的三原色，通过这三原色的组合可以发出各种各样的色调。属于电致发光的除上述半导体材料之外，还可以将发光中心分散于高分子材料，或者是将发光材料与氧化钇、氮化硅等绝缘性陶瓷做成夹层结构的形式。

2. 半导体发光显示材料（LED）

发光二极管（通常所说的 LED）是在半导体 pn 结的顺方向上，即以 p 侧为正，n 侧为负，施加电压时，由 n 侧注入 p 侧的少数载流子（电子）与原本在 p 侧的载流子（空穴）结合时出现发光的器件。简单地说，其原理与太阳电池或者是光致电动势型传感器（吸收光，产生电）正好相反（施加电能而发光）。只是，电子—空穴的结合效率更高，发出的光波长与目的一致。

为了要使这种发光二极管发出激光，必须将这种半导体二极管做成能将所发的光封闭在二极管内，能不断地使光增幅的一种谐振腔结构。为此，不能只是一个单纯的 p - n 二极管，而要制成类似于 n - 砷化镓/n - 砷化铝镓/p - 砷化镓/p - 砷化铝镓的薄膜叠层结构。这时，从 n - 砷化镓注入 p - 砷化镓内的电子与其中原本存在的空穴结合而发光，但是由于这时的 p - 砷化镓被夹在 n - 砷化铝镓与 p - 砷化铝镓两层之间，而砷化镓的折射率比砷化铝镓大，所以发出的光被封闭在 p - 砷化镓层内，同时，由于两侧砷化铝镓层的禁带较宽，被注入的少数载流子也被封闭，使得高效的激光发光成为可能。作为激光二极管的特性，要求起动电压低，发光模式单一，并且寿命长。为此，要求半导体晶体必须是电学上和光学上都均匀的高品质晶体，同时能做成异质结。

迄今为止，已有各种各样的发光二极管和激光二极管，其发射波长一般在近红外区。使用的半导体晶体主要有砷化镓、砷化铝、砷化铝镓、砷磷化铟镓、砷锑化铟镓等，主要用于光通信的信息载波光源等。最近，由于信息存储密度的不断提高，要求光记录所用激光的波长也越来越短，如可见光激光等。但是上述半导体晶体在可见光范围内都是不透明的，无法发出可见激光。要发出可见光的激光，其材料必须是透可见光的。尽管采用倍频、上转换等方式，或者是使用化学激光，也可得到可见光激光，但是从器件的小型化等来说，半导体激光有很多优点。所以，能发射可见光的半导体激光是最近半导体材料的一个热点。已有报道指出氮化镓、氮化铟及其固溶体等半导体晶体可以发出蓝、绿激光，但是性能仍然有待于进一步提高。

3. 电致变色显示材料

所谓电致变色是在施加电压的情况下，因在电极面或电极附近发生的氧化还原反应而使材料的颜色或者透光率呈现可逆变化的现象。要把这种现象用于显示，要求响应速度快、分辨率高以及寿命长。这类材料作为显示用都还处于研究中，研究的对象主要有有机蒽类氧化还原指示剂，以及一些无机化合物，如三氧化钨、氢氧化铱、三含水氧化二铑，等等。

4. 液晶显示材料

所谓液晶，可以说是一种液态晶体，但晶体中分子的三维有序排列状态在热或者溶剂的作用下而发生了部分变化，它一方面具有晶体的各向异性特性，另一方面具有分子排列容易出现变形的特性。于是，利用电场使这种分子排列发生变化，并将这种结果以光学形式检测，则可以用于显示器等。目前，这种显示技术已在各方面得到应用，如笔记本电脑的显示器、自动照相机，等等。

根据结构和分子排列，液晶可分为近晶相液晶、向列相液晶和胆甾相液晶。①近晶相液晶是由棒状分子分层排列组成的，层内分子互相平行，其方向可以垂直于层面，也可以与层面倾斜一定角度。分子质心只在层内无序，具有流动性，其规整性近于晶体，是二维有序。②向列相液晶棒状分子大体上成平行排列，质心位置无长程序，分子不排列成层，能上下左右滑动，但在分子长轴方向上能保持相互平行或近于平行，也就是说，它只有取向有序。③胆甾相液晶可以看作由向列相平面重叠而成，平面内分子互相平行，但层与层之间分子的长轴稍有变化，形成螺旋状。当分子取向旋转 360° 后，又回到原有取向，为一个螺距，胆甾相液晶可以从胆甾醇衍生物或手征性分子得到。

用于显示目的的液晶材料种类繁多，但根据组成液晶分子的中心桥键及环的特征可区分为苄叉类、偶氮和氧化偶氮类、芳香酯类、联苯类、苯基环己烷类、环己基环己烷类、嘧啶类、二氧六环类、二苯乙烷类以及相应含手征性基团的手征性液晶。液晶材料用于显示时，要求具有下列性能：介电各向异性、光学各向异性、适当的黏度、适当的阈值电压、适当的弹性常数。液晶的品种很多，有 1 万多种，有的因受光或电场作用分解变质而被淘汰，目前显示中使用的液晶材料主要有酯类液晶、联苯类液晶、苯基环己烷类液晶、环己基环己烷类液晶、嘧啶类液晶及手征性液晶。

液晶之所以能用于显示技术，是因为液晶显示功耗低和占用体积很小。液晶显示的驱动电压低，通常只需几伏电压即可，并且易于和其他电路连接，组成微电子器件，可靠性高。液晶显示能在明亮环境下显示，不怕日光或强光干扰，相反，外光越强，显示的字符图像越清晰。另外液晶显示无闪烁，无畸变现象，不产生对人体有害的软 X 射线，特别适合于电视显示和计算机终端显示，保证工作人员的健康。但是，目前大屏幕显示的成本比通常的显像管显示还高得多，主要是以往液晶显示对基板材料的平整度和分隔材料（颗粒）的粒度均匀性要求非常高。

5. 电子放射显示材料

某些材料在外界条件的作用下会放射电子，这种电子放射材料也可用于显示及其他用途。在真空中通过加热而放射电子的方法叫热电子放射，通过施加强电场引发隧道效应而放射电子的方法叫作场致电子放射，用电子束照射而放出电子的方法叫二次电子放射、用光或放射线激发时则叫光电子放射，另外通过机械摩擦之类的一次激发和加热或光照等外场激发的方法叫作外激电子放射。热电子放射材料可用于热电子发电、显像管、真空管，以及电子显微镜等，这类材料主要有氧化钡锶钙，六硼化镧等陶瓷材料以及钨和钍—钨等金属和合金材料，它要求材料的逸出功小，耐较高的电流密度。场致电子发射材料主要用于电子显微镜和电子束曝光器等，这类材料有碳化钛和碳化钽等碳化物陶瓷以及钨和锆—钨等金属材料。二次电子发射和光电子发射材料主要用于光电子倍增管和摄像管等方面，二次电子发射材料包括铅硅酸盐玻璃和氧化镁等无机非金属材料以及锑铯等金属间化合物材料；光电子发射材料包括银—氧—铯等氧化物材料和锑铯等金属间化合物材料。最后，外激电子放射材料主要用于辐射剂量计，如氧化铍、氧化铝及硫酸钙等陶瓷材料具有这样的性能。

六、光信息存储材料

光信息存储材料是利用介质与光发生相互作用出现的光学性能，如透过率、折射率和反射率的变化来保存和记录信息的。记录媒介主要有照相胶片、光致抗蚀剂、光折变材料、光致变色材料、磁光存储材料等对光敏感的材料。在实用上，为了保护记录介质，制备时必须用保护层将敏感层保护起来。因此，光存储材料是由记录介质层、保护层以及反射层等构成的，具有光学匹配的多层结构。多层膜通过一些物理或化学方法淀积在衬盘上形成的盘片就叫光盘。

1. 照相胶片与光致抗蚀剂

（1）照相胶片，是将卤化银颗粒分散于明胶中的一种材料，其特征是具有很高的曝光灵敏度和分辨率，有宽广的光谱灵敏度，实用方便，通用性强，适用于记录各种图像信息或全息图。

（2）光致抗蚀剂，是一种浮雕型位相记录介质，它最广泛的用途就是半导体集成电路的精密线形加工，是一种感光性耐酸薄膜。在光照时，分散于光照部分的高分子中的光敏基团，引起高分子的交联聚合反应而变为难溶，然后用溶剂将未曝光的部分清洗掉，就形成凸起的浮雕，这就是负型光致抗蚀剂。反之，光照部分变为易溶或者溶解度增加，因而能用溶剂除去的材料叫正型光致抗蚀剂。为了提高分辨率，光源可采用电子束或者 X 射线。目前，最为常用的是一些有机材料，如通常光源用的重铬酸盐 + 水溶性高分子（PVA 等）和二苯甲酮增感多功能基团单聚物 + 可溶性高分子，用于电子束或 X 射线的聚甲基丙烯酸酯（PMMA，正型）和聚甲基硅氧烷（负型），等等。

2. 光折变与光致变色材料

（1）光折变材料，是一种具有光折变效应的光学功能材料。光折变效应是一种与电光效应类似的效应。光折变材料在强光的照射下发生折射率变化，也就是说，在铁电晶体或加电场的电光晶体表面用激光等强光照射时，被照射部分的折射率发生变化，从而记录信息。光折变材料分为三类：第一类为某些电光晶体，如钛酸钡、铌酸钾、铌酸锂、钽酸锂、铌酸锶钡、钽铌酸钾等，这些材料都属于铁电体；第二类为非铁电性氧化物，如硅、锗、钛酸铋等；第三类属于半导体化合物，如砷化镓、磷化铟、碲化镉等。近年来发现某些玻璃材料也具有光折变性质，但是，在目前其光折变效应比晶体材料还小得多。

（2）光致变色材料，是指具有光致变色效应的光学功能材料。光致变色效应是指介质在光照前后发生可逆的颜色变化的现象，它同样可以用于信息的记录。作为着色机理，主要有金属胶粒析出型、杂质离子氧化还原型、着色中心生成消灭型以及具有光致变色基团的有机材料。金属胶粒析出型的光致变色材料主要是一些玻璃材料，如含卤化银或含卤化铜（或＋卤化镉）的氧化物玻璃，基础玻璃主要有硼硅酸盐玻璃和磷铝硅酸盐玻璃等；杂质离子氧化还原型的有含氧化铈的氧化物玻璃、含砷的氧化物玻璃以及掺铁二氧化钛、掺铁、镍或钼的钛酸钙，掺铁或锰的铌酸锂等过渡金属离子掺杂的晶体材料等；形成色心的有溴化钾、掺镧氟化钙、掺钐或铕的氟化钙等卤化物晶体材料；有机材料主要有水杨叉苯胺、芪和甲基蒽；等等。光致变色材料的感光灵敏度非常低，至少比卤化银乳胶低3个数量级，这是因为化学反应发生在分子水平上。光致变色材料无颗粒性，分辨率仅受光波长的限制。无机光致变色材料具有非常长乃至无限的循环寿命，而有机材料容易疲劳。上述光致变色材料虽然可以作为光全息记录材料来记录和保存信息，但要用于光盘，其存取速度太慢，而不能实用。

3. 光盘存储材料

（1）磁光存储材料，是利用某些材料具有的磁光效应来进行信息的记录和保存的，磁光效应与电光效应、声光效应类似。某些晶体被磁化时，折射率发生变化，所以通过晶体的光频率发生变化（即光调制）。因此，可以用光来"读出"磁化的方向。所以，对于具有同一磁化方向的强磁性晶体，施加一反方向的弱磁场，用激光等强光照射，将照射部加热到居里温度以上，使磁化方向反转就可写入信息，所能使用的材料是一些复氧化物陶瓷或非晶合金。磁光存储材料现已成为计算机外存储的一种重要媒介，其存储容量大，现已有容量为640MB的3.5in磁光盘的商品。

（2）光相变存储材料，是利用记录介质在晶态和玻璃态之间的可逆相变来实现信息的反复擦写。从激光热效应导致可逆相变的角度来看，材料设计应基于这样几点：①光响应灵敏度高。硫族半导体元素对光的响应十分灵敏，一是由于它是二配位共价键链状结构；二是由于它具有孤对电子，孤对电子价带位于成键电子价带之上，因此孤对电子容易被激发，使介质发生相结构的变化，为此相变介质多以硫族元素为基，例如硒基和碲基。②热稳定性好。灵敏度高往往和热稳定性相矛盾，硫族元素半导体晶化温度偏低，在室温下就会发生从无序态到有序态的转变。为了稳定材料的无序态，需掺入配位数较大的元素，如Ⅲ族的铟、Ⅳ族的锗及Ⅴ族的锑等，这样就形成了以碲化锗、碲化锑、硒化锑、碲化铟、硒化铟等为基础的多元体系。③相变速率快。通常认为材料无序态的热稳定性愈好，晶化就愈困难。因此，在制备过程中还要掺入能起核化或催化作用的元素，例如掺入过渡金属元素等。④反衬度高。为提高反衬度，在制备时可掺入对反衬度有增强效应的元素，例如在碲化锗中掺入锡以提高反衬度，这样就形成了三元或多元合金的光记录介质。

（3）电子俘获光存储材料。20世纪80年代末美国一些公司开始开发一种新型可擦重写光存储材料，它是用A、B两类稀土元素掺入碱土硫化物晶体中形成电子俘获的光存储材料。碱土硫化物具有较宽的能带隙，掺入两类稀土元素可在带隙中形成局域的杂质能带，杂质能带中有的是陷阱能级，或称为电子俘获能级，它与价带之间是禁戒跃迁。写入信息时，将电子激发到杂质能级，再落到陷阱能级。擦除信息则是用激光将陷阱能级中的电子激发到杂质能级后再回到基态。这种过程不会产生热疲劳现象，原则上讲可以无限次地写和擦。读出信息时，只要用一小功率的激光使陷阱能级上的电子脱离陷阱返回基态即可，在这一过程中会发射一定波长的光，只要读出这一光束就行。

（4）持续光谱开孔光存储材料。以往的存储方式，无论是磁存储还是光存储，信息都是被记录在一个平面上，是一种二维的记录方式。由于一个信息位所占的面积不可能无限小，所以存储信息的容量总是有限的。按一个信息位的面积（包括信息位间的间隙面积）为 $1\mu m^2$ 数量级计算，则 $1cm^2$ 的存储容量为100MB数量级，这也是目前的光存储方式的存储密度上限。1974年发现的持续光谱开孔现象（又叫光化学开孔，缩写为PHB）为提高存储密度提供了一种新的可能方式，预计PHB材料的存储密度可望比通常的存储方式高 $10^3 \sim 10^4$ 倍。这一现象是指在呈现光吸收的物质（光活性分子或色心）的吸收带内经光化学作用后出现"孔"的现象。以开孔和不开孔分别表示"0"和"1"的状态，就可用于信息的记录。

出现持续光谱开孔现象的必要条件有两个：①是光活性分子必须具有光致变色性；②是光活性分子的结构必须有不规则性。所以，一般出现PHB现象的材料都由客体和主体构成，客体是光活性分子，可以是各类光活性有机分子（如卟啉类、酞菁类、醌茜类等）或无机色心材料；主体可以是高分子聚合物、无机溶剂或玻璃态物质。主客体中不同分子基团有不同频率的吸收带，每一吸收光带的半宽度叫作均匀线宽，各基团的吸收光带叠加而成的展宽光带叫作材料的非均匀吸收光带，其半宽度称为非均匀线宽。均匀线宽和非均匀线宽的相对大小决定 PHB 材料的好坏，一般来说，非均匀线宽越大，均匀线宽越小，则作为 PHB 材料的性能就越好，这样才有可能在吸收带内开足够多的孔。通常对于晶体材料来说，均匀线宽和非均匀线宽都很窄。

玻璃等非晶态材料的结构是不规则的，其中的原子处于各不相同的状态，具有很宽的非均匀线宽，尽管其均匀线宽在极低温度下（比如几度）也比晶体材料要大近 10 倍，但考虑到在较高温度下使用时，则玻璃态材料比晶体材料更为有利。另外，相对来说，非均匀线宽随温度的变化较小，而均匀线宽随温度的增高显著增大，例如当温度从 2K 升高到 100K 左右时，分散于硅酸盐玻璃中的铒离子的均匀线宽增加 3 ~ 4 个数量级，所以对于一般材料来说，都只有在极低的温度下才能出现 PHB 现象。

目前，PHB 材料都还处于研究阶段。值得注意的是，在一些分散有稀土离子的无机材料中，即使在室温下也观察到了稳定的光谱开孔现象，如掺二价钐的氟氯溴化锶（$SrFCl_{0.5}Br_{0.5}$：Sm^{2+}），以及掺二价钐的硅酸盐玻璃和氟化物玻璃。尽管它们的性能指数还比较小，但是它使科学家们研究开发室温 PHB 记录材料有了希望。

七、光信息传输材料

光信息传输材料主要是指光纤，实用光纤的研制成功更是 20 世纪科学技术中的重大发明，因而光纤通信也是通信技术的一场革命。光纤通信与其他通信方式相比，具有许多优点。例如，它传输的信息容量大，质量轻，占用的空间小，抗电磁波干扰，串话少，保密性强，等等。另外，光纤通信的实现也节省了大量的金属铜，对于资源日益枯竭的今天更是一个重大的贡献。

1. 光纤的传输原理及分类

在 20 世纪 60 年代初，日本学者西泽最早提出了现在广泛采用的光纤传输光信息的原理。就是将玻璃之类的光学透明材料制成纤维，纤维由两层构成同心圆形的结构，其芯层具有较高的折射率，而表层的折射率较低，这样当光从光纤的一个端面以小于某一角度入射时，光线就可以在光纤的芯层和表层的界面上发生全反射，经无数次的全反射后，光信号就可从另一端输出。而目前实际应用的光信号传输还有另一种方式，就是将光纤的芯层部分的折射率做成一个抛物线分布方式，中心部最高，沿径向逐步降低。由于折射率的这种分布方式，当光从一端入射时，光线就可以在芯层内不断被折射，改变方向，最终将光线关闭在芯层内，由一端传送到另一端，上述就是光纤的传输原理。

但是西泽提出的光传输原理在当时并没有引起多少人的注意，都认为是天方夜谭。这主要是因为在当时没有发现像现在的光纤这样高度透明的材料，人们无法相信光信号能在光纤中传送几千米乃至几百、几千千米后仍能够探测得到，另一原因就是在当时没有像激光这样强的光源。在我们的想象中，窗玻璃和眼镜片等材料应该是非常透明的，但这种常识只不过适用于几毫米，即使是质量很好的光学玻璃，透明这一概念也不过适应到几十厘米厚，对于像电话线那样以千米为单位的时候，这种用通常方法制造的玻璃也就完全不透明了。如果将表观上没有瑕疵的透明窗玻璃做成 30cm 厚，透过光将减小到入射光的一半。如果做成 10m 厚则将减小到一百亿分之一。最高质量的光学玻璃做成 10m 厚透过光强度也将减小到入射光的 1/4，如果 100m 则要减小到百万分之一，与此相比，现在实用的通信光纤，即使光信号在其中传送 1km 之后，仍可保留 50% ~ 90% 的强度，这其中包括了一大批材料科学家的辛勤努力。

直到 1962 年，激光出现了，同时在 1966 年英国标准电信实验室的英籍华裔科学家高琨博士发表了通过改进材料纯度可将光纤的光损耗减小到 20dB/km（也就是说光信号在传送 1km 后其强度仍可剩下 1% 左右）的论文，光纤通信的概念才引起了世界各国学者的极大关注，意识到光纤通信不再是天方夜谭。1970 年，美国康宁公司首先用化学气相沉积（CVD）法制成掺有折射率改变剂的石英玻璃棒，在高温下加热使玻璃软化，然后拉制成了光纤（直径几十到百多微米），其长度约 200m，损耗降低到了 20dB/km，这是世界上第一根有实用价值的光纤。1975 年，在康宁公司建成了一间正式生产光纤的工厂。此后，经过世界各国材料科学工作者的努力，通信用石英玻璃系列光纤得到了飞速的发展，其性能不断提高，终于达到了接近其理论损耗的 0.15dB/km 的水平，实现了光纤通信。

早期的光纤研究是在芯材中掺钛，但由于在输出过程中会生成少量的三价钛离子，在可见光和近红外区产生极强的光吸收，若将这种含三价钛离子的光纤在 800℃ ~ 1000℃ 的氧气气氛中退火数小时，这种光吸收很容易减小到

20dB/km左右。但这种处理会引起碱金属污染而降低光纤的机械强度。现在的光纤通信中所使用的光纤是以二氧化硅为主，为了满足光信息传输的要求，在光纤的芯材中掺入锗和磷等元素以提高折射率，或者在光纤的包层部分加入硼或氟等元素以降低折射率。但是氧化锗不足的一面是它的高温蒸气压太高，难以精确控制其浓度变化，很难由原料蒸汽直接制成透明的玻璃。为此，人们发明了一种新的方法，就是先在较低的温度下用 CVD 法制成玻璃粉末，然后经烧结制成透明的玻璃。这就是所谓的改进 CVD（MCVD）法，它通常是在石英玻璃管内沉积折射率较高的芯材，所以又叫管内沉积法。后来，又出现了管外沉积法、气相轴向沉积法和等离子体化学气相沉积法等。与此同时，为了保证光纤具有良好的光传输性能，必须将羟基和过渡金属等杂质的含量降低到百万分之一以下。从 20 世纪 70 年代到 80 年代，石英玻璃光纤的研究也基本上集中在这方面。即使是现在，提高沉积速率和效率，增加光纤连续制造的长度，使用比较廉价的原料等仍然是十分重要的课题。

目前光纤通信在每 30km ~ 50km 需要一个中继站，以便将因光纤的衰减和色散等而减弱或失真的信号恢复到原来的水平。要增长中继距离，光纤光损耗必须进一步降低（0.1dB/km 以下），但石英玻璃系列光纤已经基本上到了它的理论极限。为此，正在进行两个方面的研究：一是降低现有石英玻璃光纤的瑞利散射损耗；二是探索长波通信的可能性。在降低散射损耗方面，已经有人研究出了具有比石英玻璃更小散射损耗的氧化物玻璃，如钠镁硅酸盐玻璃、钠铝硅酸盐玻璃以及钠镁氟硅酸盐玻璃等，它们的散射损耗为石英玻璃的 1/2 ~ 1/5。但这些玻璃体系均是多组分氧化物体系，在光纤的制备方面可能面临很大的困难。

在使用长波通信方面，其材料对象主要是以氟化物玻璃为代表的卤化物玻璃和以硫化物为代表的硫系玻璃，它们可望具有比石英玻璃更低的红外吸收损耗，氟化物玻璃的散射损耗也可能比石英玻璃低。目前，氟化物玻璃光纤在降低光损耗方面面临着严峻的技术难关。所以，氟化物玻璃光纤的研究最近都集中在功能光纤方面。另外，对于硫系玻璃光纤，其中存在的一种叫作弱吸收拖尾损耗使得光纤光损耗的降低面临困境，但是人们对此还并未失望，一旦找到降低硫系玻璃光纤弱吸收拖尾损耗的方法，硫系玻璃超低损耗光纤也可能成为现实。无论是低散射损耗光纤，还是氟化物玻璃光纤或硫系玻璃光纤，要达到超低损耗的程度，都有待于某种突破。低损耗光纤的研制成功，进一步开拓了材料研究的新领域，对于单纯用于传输的光纤，在理解了光损耗因素的基础上，进一步研究更低损耗的光纤，同时具有更低理论损耗的红外光纤的研究也不断展开。除新材料的开发以外，新结构的光纤研究也在不断展开。

光纤有多种分类方法，按折射率可分为阶跃型（SI）光纤和渐变型（GI）光纤。SI 光纤的纤芯和皮层部分折射率均保持不变，而在纤芯与皮层的界面处折射率发生突变。这类光线仅适用于短距离、小容量的通信系统。GI 光纤皮层折射率不变，纤芯部分折射率沿径向逐渐变小，可使高次模的光按正弦形式传播，这能减小模间色散，提高光纤带宽，增加传输距离，但成本较高，现在的多模光纤多为 GI 光纤。

按传输模式，可将光纤分为多模光纤和单模光纤。在光纤芯径大（5 ~ 100μm）或数值孔径大的光纤中，允许多个具有不同入射角的光线进入光纤传播，即光纤中有多个传输模式，称为多模光纤。由于模间色散较大，因此多模光纤传输的距离比较近，一般只有几公里。当光纤芯径较小（8 ~ 10μm）或数值孔径小时，将只允许与光纤轴一致的光线进入光纤传输，这种光纤称为单模光纤。单模光纤模间色散较小，适用于远程通信。

按传输波长长短可将光纤分为短波长光纤（传输波长为 0.8 ~ 0.9μm）和长波长光纤（传输波长 1.3 ~ 1.6μm）；按纤芯材料组成则可将光纤分为石英光纤、多组分玻璃光纤和塑料光纤。此外还有一些特种光纤，如掺稀土光纤、红外光纤、发光光纤等。

2. 石英光纤

石英玻璃光纤以二氧化硅为主要原料，并按照不同的掺杂量来控制纤芯和包层的折射率。其中，纤芯部分直径为 5 ~ 50μm，主要成分为高纯度（99.9999%）二氧化硅，并掺杂极少量二氧化锗等来提高折射率；包层的直径为 125μm，材料一般为纯二氧化硅，常掺杂氟素来降低折射率。包层外是高分子材料（如环氧树脂、硅橡胶等）涂覆层，其作用是增强光纤的柔韧性和机械强度。

制造石英光纤主要包括两个过程：拉棒和拉丝。为降低石英光纤的内部损耗，现在都采用化学气相反应法制取高纯度的石英预制棒，再拉丝制成低损耗石英光纤。光纤预制棒工艺是光纤光缆制造中最重要的环节，预制棒的质量直接影响光纤的损耗、带宽、折射率分布等性能。目前，用于制备光纤预制棒的方法主要有四种：改进化学气相沉积法（MCVD）、外部气相沉积法（OVD）、气相轴向沉积法（VAD）和等离子体化学气相沉积法（PCVD）。

改进化学气相沉积法是目前制备高质量石英光纤比较稳定可靠的方法，其工艺由沉积和成棒两个步骤组成。将 $SiCl_4$、$GeCl_4$ 等液态原材料在氢氧焰热源的高温作用下发生氧化反应，生成 SiO_2、B_2O_3、GeO_2、P_2O_5 微粉，沉积在石英反应管的内壁上。在沉积过程中需要精密地控制掺杂剂的流量，从而获得所设计的折射率分布。成棒则是将已沉积好的空心高纯石英玻璃管熔缩成一根实心的光纤预制棒芯棒。等离子体化学气相沉积法与改进化学气相沉积法的工艺相似，它们都是在高纯度石英玻璃管管内进行气相沉积和高温氧化反应，所不同之处是热源和反应机理，等离子体化学气相沉积法工艺用的热源是微波，其反应机理为微波激活气体产生等离子体使反应气体电离，电离的反应气体呈带电离子态。带电离子重新结合时释放出的热能熔化气态反应物形成透明的石英玻璃沉积薄层。外部气相沉积法又称管外气相氧化法，该工艺的化学反应机理为火焰水解，即所需的芯玻璃组成是原料在氢氧焰或甲烷焰中被火焰水解产生"料末"逐渐地一层一层沉积而获得的。气相轴向沉积法工艺的化学反应机理与外部气相沉积法相同，也是火焰水解，不同的是，气相轴向沉积法不是在母棒的外表面沉积，而是在其端部（轴向）沉积，因此所获得的预制棒的生长方向是由下向上垂直轴向生长的。

3. 塑料光纤

塑料光纤（POF），也称聚合物光纤或有机光纤，是以高折射率的高分子光学透明材料作为纤芯、以低折射率的高分子光学透明材料作为包层制成的光导纤维。1964 年，美国 Dupont 公司最早开始研究，随后日本、德国、法国、韩国等国家纷纷投入大量资金进行研究开发。早期的 POF 由于受到制作工艺和条件的限制，损耗较大，应用也因此一直受到限制。1980 年以后，低损耗 POF 的基础和应用研究日趋活跃，并逐渐进入商业应用。

与无机玻璃系列的光导纤维相比，POF 有以下特点：①具有较宽的直径范围（0.3~3.0mm），可根据不同使用目的和要求来制备不同直径的光纤。②聚合物材质具有石英和多组分玻璃光纤所无法比拟的优异的柔韧性和弯曲性能。③数值孔径较大，多在 0.3~0.6 之间，同时聚合物端面加工便利，因此 POF 光纤接头处耦合损耗较小且连接十分方便。④材料费便宜，成本相对较低，同时有望应用新型廉价的光源、检测器和连接器。正是 POF 的上述特点，使其可以广泛应用于短距离通信网，如办公室局域网、有线电视网、互联网室内引线光缆，以及汽车工业、光照明、装饰装潢等领域。但 POF 的传光损耗比玻璃光纤大，一般在 200~2000dB/km 之间，传输带也较窄。

POF 对聚合物的材质具有严格的要求，在诸多透明塑料中，只有在拉伸时不产生双折射和偏光者才适合制造塑料光纤。其中，POF 芯材要求必须是高度无定形结晶材料，其自然光透过率要求在 90% 以上，目前研究较多的芯材种类有聚苯乙烯（PS）、有机玻璃（PMMA）、聚碳酸酯（PC）、氟化或氘化丙烯酸酯等聚合物材料。无定形 PS 在可见光范围透光性可达到 90%，其折射率为 1.59%，吸水率仅为 0.025%。但由于 PS 在聚合过程中，分子量受温度的影响很大，因而成品分子量分布较宽，物料密度不均匀；同时 PS 的抗老化性能较差，在聚合过程中需要加入抗老化剂，因此 PS 制备的塑料光纤损耗一般大于 1000dB/km。PMMA 性能稳定，自然透光率可达 92%，即使在 250～290mm 的紫外波段，其透过率仍可达到 75%，是理想的 POF 芯材之一，其折射率仅为 1.49%，因此皮材选择受到一定限制。PC 具有较高的无定形特征和耐热性，因此作为纤芯材料近年来使用得越来越多。然而 PC 的透明度较低，因为在缩合过程中副产物难以除去，这是目前有待解决的问题之一。

由于 PMMA、PS 中含有大量的 C－H 键，故其损耗并不能显著降低。为进一步降低 POF 损耗，用氘（D）来取代 C－H 键中的 H，从而降低 C－H 键在 POF 芯材中的含量是重要的途径之一，氘化聚合物中的 C－D 键基频振动吸收出现在 4400nm 处，改变了原聚合物的光传输窗口，降低了吸收强度，在可见光至近红外区的传输损耗有较低的值，因此氘化聚合物芯 POF 可用于近红外区域光的传输，扩展了 POF 只用于可见光的范围。氟原子取代也是降低由于 C－H 键振动吸收导致损耗的一种有效方法。除此之外，氟代高分子还可降低水蒸气的吸附，阻止湿气在高分子的渗透。由于氟代后，振动基频红移，故使得 POF 的光学窗口红移，这同样可降低瑞利散射所导致的损耗，氟化聚合物芯材的研究重点之一是苯乙烯的氟化聚合物。二氟氘化聚合物芯可以使 POF 的极限损耗降低到 10dB/km 以下，但由于制作工艺的复杂以及费用高，使其应用受到限制。

POF 对皮材的要求亦同于对芯材，但实际上由于条件的限制，对皮材的要求可以适当地降低。常见的 POF 皮材有 PMMA、乙烯—醋酸乙烯共聚物（EVA）、氟化透明树脂等，作为 POF 芯皮材亦要求它们有较好的耐候性能和耐老化性能。此外，POF 芯材折射率要大于皮材，芯皮材折射率差值 0.03% 以上为佳，或者芯材比皮材折射率高达 2% 甚至 5% 以上为佳。光纤的数值孔径同芯皮折射率有关，两者差值越大，POF 的数值孔径也越大。

4. 红外光纤

红外光纤是指传递波长为 2～4μm 中红外波段内的光信号或光能量的光纤。

在宽波段内色散很低，对辐射的敏感性也很低。可用于超长距离无中继，超大容量的通信系统、抗辐射通信系统、红外光纤传感器和非线性光学元件、红外能量传输线等。目前正在研究的有重金属氧化物玻璃、卤化物玻璃、硫系玻璃和卤化物晶体等。重金属氧化物玻璃主要是指比重较石英玻璃大的氧化物玻璃，如 GeO_2、$GeO_2 - SbO_3$、$CaO - Al_2O_3$；卤化物玻璃有 BeF_2、$BaF_2 - CaF_2 - YF_3 - AlF_3$、$GdF_3 - BaF_2 - ZrF_4$ 等；硫系玻璃主要指以 S、Se、Te 等元素为主体的单元或多元玻璃化合物。

重金属氧化物玻璃与硅酸盐玻璃相比，红外线射光谱范围大、最小本征损耗低。以 GeO_2 为主要成分的光纤透射波长从可见光谱区直到 $2.5\mu m$ 处，损耗值低于 $5dB/km$。对于短距离应用来说，在 $2 \sim 5\mu m$ 窗口上应用最好。TeO_2 系玻璃的红外吸收波长可移向长波长一侧，红外吸收端延伸到 $5 \sim 7\mu m$。不足之处是这种玻璃的机械性能较差，同时由于折射率较高，因此瑞利散射损耗很大。

硫系玻璃有较稳定的玻璃态，玻璃临界温度低，折射率高，一般为 2.4%，可用来制作低损耗、高可靠性红外传输材料。S 系、Se 系、Te 系玻璃材料的红外透明范围分别为 $0.6 \sim 11\mu m$、$0.7 \sim 14\mu m$ 和 $1.2 \sim 18\mu m$，拉制成光纤后实际的透明波段分别为 $1 \sim 7\mu m$、$3 \sim 9\mu m$ 和 $5 \sim 12\mu m$，同时它们也是传输 $4\mu m$ 以上波长唯一的红外玻璃光纤，因此其研发显得尤为重要、与氟化物玻璃光纤相比，硫系玻璃的损耗相对较高，约为 $0.1dB/km$ 数量级。此外，硫系玻璃有较强的抗化学腐蚀能力，有极好的热稳定性和可绕曲性，但机械强度低于普通的氧化物玻璃。

用于制作硫系红外玻璃光纤的原料包括各种单组分玻璃（如 As_2S_3、GeS_2）和主要含有 As、Ge、P、S、Se、Te 的多组分玻璃。As_2S_3 玻璃是单组分玻璃中最稳定的一种，以其制作的光纤在 $5\mu m$ 波段的损耗为 $0.2 \sim 0.3dB/m$；$Ge_{22}Se_{20}Te_{58}$ 玻璃光纤在 $10.6\mu m$ 波长下的损耗为 $1dB/m$；而硫化物基光纤 $As_{40}S_{60-x}Te_x$ 在 $2.5\mu m$ 处的衰减达 $0.05dB/m$。由于硫簇材料的高折射率，它们尤其在传输脉冲激光和连续激光方面体现了优良的性能。目前，硫系玻璃光纤研究的重点有：选择稳定的玻璃组成，优选严格的制备工艺，使硫系玻璃材料纯度不高，散射损耗大等缺点得到进一步改善；此外，寻找、设计适合大功率中远红外激光传输的光纤材料，如硫卤化物玻璃等。

卤化物光纤材料也是一种非常重要的中、远红外材料，其中氟化物的红外透射波段为 $0.2 \sim 10\mu m$，溴化物、碘化物的红外透射区域为 $0.2 \sim 40\mu m$。卤化物光纤材料又可以分为玻璃和晶体两大类。目前开发的玻璃纤维以氟化物为主，而除氟以外的其他卤化物以晶体光纤为重点。氟化物玻璃的研究开始于20世纪70年代，是当前最有希望用于超长距离通信的光学材料。理论计算表明，它在 $2.5\mu m$ 附件的损耗约为 $0.001dB/km$，比石英光纤的最低理论损耗值要低 $2 \sim 3$ 个数量级。如按当前石英光纤无中继距离100km的水平计算，氟化物玻璃光纤的无中继距离可达 $10^6 km$ 以上。氟化物玻璃的主要成分是$ZrF_4 - BaF_2$，此外还含有 La、Gd 等稀土元素，由于原料组成较多，并且熔制过程为固相反应，反应不容易完全充分，玻璃中会夹杂某些有害杂质，如过渡金属元素（Fe、Co、Ni、Cu 等）以及有害的稀土元素（Ce、Pr、Sm、Eu、Dy），并出现微晶、气泡和包层缺陷，引起玻璃的附加吸收和散射，因此在光纤制备过程中，严格控制原料杂质、保证最佳的玻璃熔制时间和温度、气氛保护等，是制备低损耗氟化物玻璃纤维的关键。目前，人们已开发了多种氟化物光纤，其中 ZBLAN（$ZrF_2 - BaF_2 - LaF_3 - AlF_3 - NaF$）因其抗析晶失透性好、成玻璃性能佳而成为标准的红外光纤，已研制出长度大于百米、在 $2.59\mu m$ 波长下损耗为 $0.55dB/km$ 的光纤以及长度50m，在 $2.55\mu m$ 波长下损耗仅为 $0.025dB/km$ 的光纤，有望在超长距离通信、大容量通信系统中的应用。人们也在探索非 ZrF_4 系的氟化物玻璃光纤，其化学稳定性、热学、进行性能均优于 ZBLAN，现在只做的 AlF_3 系玻璃光纤的实际损耗与理论值还有相当距离，存在的主要技术难点是玻璃材料的选择和高纯化、光纤只做过程中易结晶、热处理过程困难等，这是氟化物玻璃红外光纤今后需解决的课题。此外，开发其他系列的氟化物光纤，如 GaF_3、HfF_4 系等对中远红外区域光传输及其他应用具有重要意义。

5. 光纤的其他应用

光纤除了用于通信领域，在其他方面也有不少应用。医学上，光导纤维可以用作食道、直肠、膀胱、子宫、胃等深部探查内窥镜（胃镜、血管镜等）的光学元件，而且不必切开皮肉就可以直接插入身体内部进行手术。切除癌瘤组织的外科手术激光刀即由光导纤维将激光传递至手术部位。

在照明和光能传送方面，利用光导纤维可以实现短距离内一个光源多点照明，可利用塑料光纤传输太阳光作为水乡、地下照明。由于光导纤维柔软易弯曲变形，可做成任何形状，而且耗电少、光质稳定、光泽柔和、色彩广泛，因此，它是未来的最佳灯具，如与太阳能的利用结合起来将成为最经济实用的光源。

在工业方面，可传输激光进行机器加工、制成各种传感器用于测量压力、温度、流量、位移、光泽、颜色、产品缺陷等，也可用于工厂自动化、办公自动化、机器内及机器间的信号传送、光电开关、光敏元件等。

八、光电子信息处理材料

广义上光电子信息处理包括光的发射、传输、调制、转换和探测等，这里所介绍的是狭义的光电子处理材料，是指用于光的调制和转换的材料，因此，这节重点介绍非线性光学晶体。

1. 非线性光学效应

当光波通过固体介质时，在介质中感生出电偶极子。单位体积内电偶极子的偶极矩总和被称为介质的极化强度，通常用 P 来表示，介质极化强度 P 是光波电场强度 E 的函数。在传统光学中，由于光强较弱，则介质极化强度 P 与光波电场强度 E 呈线性关系，由此产生的各类现象均称为线性光学现象，反射、折射等线性光学性质可由传统光学定律予以解释。采用激光作为光源时，其相干电磁场的功率密度可达 $10^{12}\,W/cm^2$，相应电场强度可与原子的库伦场强度相比较，其强度较普通光的强度大几个数量级，因此，其极化强度 P 与电场的二次、三次甚至更高次幂相关。这种与光强有关的、不同于线性光学现象的效应称为非线性光学效应。

（1）二阶非线性光学效应——激光频率转换。入射激光激发非线性晶体，发生光波间的非线性参量的相互作用。基于二次非线性极化的材料可以产生激光频率转换，激光频率转换的结果由三束相互作用的光波的混频来决定。

（2）三阶非线性光学效应——非线性折射率与非线性吸收。非线性折射率对不同的非线性介质有不同的物理机制。光折变效应是指在光辐照下，某些电光材料的折射率随光强的空间分布而变化的现象。光折变效应的机理是由三个基本过程形成的。首先，光折变材料吸收光子而产生自由载流子（空间电荷），这种电荷由于相干光束干涉，强度的分布是不均匀的；其次，自由载流子在介质中的漂移、扩散和重新俘获形成了空间电荷的重新分布，并产生空间电荷场；然后，空间电荷场再通过线性电光效应引起折射率的变化。光折变效应有两个显著的特点。一是在一定意义上说光折变效应和光强无关；二是光折变效应是一种非局域效应。非线性吸收指的是材料的透过率随光强变化的效应，对足够高的光强，材料同时吸收两个或两个以上光子的概率大大增加，多光子吸收和激发态吸收在许多材料中被观察到。三阶光学非线性与二阶不同，不受材料固有对称性的制约，从原理上看，任何材料均具有三阶非线性，只是强弱因材料而异。

2. 非线性光学晶体

当光线在晶体介质中传播时，晶体介质相应地要发生电极化，若光频电场强度不太大时，电极化强度与光频电场之间呈线性关系。但对于激光，由于其光频电场极强，考虑到介质的各向异性，电极化强度与光频电场之间不再是线性关系，而是成正幂级数关系，这称为晶体的非线性光学现象。而从晶体的折射率变化出发，将具有频率转移效应、电光效应和光折变效应等的晶体统称为非线性光学晶体，它们被广泛应用于光的调制与转换。

（1）激光频率转换晶体。非线性光学频率转换晶体主要用于激光倍增、差频、多次倍频、参量振荡和放大等方面，以拓宽激光辐射波长的范围，并可用于开辟新的激光光源。按照透光波段范围可将激光变频晶体划分为三类：①红外波段频率转换晶体。它是指透光范围在 $5\mu m$ 以上，特别是 $10 \sim 20\mu m$ 波段的非线性光学晶体，这类晶体的非线性光学系数虽然较大，但其能量转换效率不高，往往受晶体光学质量和尺寸大小的限制，得不到广泛应用，因此对现有红外波段频率转换晶体还需要进一步研究。②可见光波段频率转换晶体。能在可见光波段实现变频的非线性晶体较多，许多磷酸盐、碘酸盐、铌酸盐等均是性能优良的可见光波段频率转换晶体。典型的磷酸盐晶体有磷酸二氢钾、磷酸二氢铵等。③紫外波段频率转换晶体。目前实用化晶体中在紫外区相位匹配范围最宽的是偏硼酸钡晶体。其突出的优点是倍频系数大，倍频阈值功率高，能在较宽的波段内实现相位匹配，激光损伤阈值高，物理化学性能稳定，对 $1.06\mu m$ 激光已实现了 5 倍频，在 $212nm$ 处可实现相位匹配等。此外，三硼酸锂晶体也是一种具有广泛应用前景的材料，其突出优点是透光波段宽，具有足够大的非线性光学系数，化学稳定性好，它是迄今为止激光损伤阈值最高的非线性光学晶体材料。

（2）电光晶体。在外加电场的作用下引起晶体折射率发生变化的效应，称为电光效应。具有电光效应的晶体材料称为电光晶体。外电场作用于电光晶体所产生的电光效应分为两种：一种是泡克耳斯效应，产生这种效应的晶体通常是不具有对称中心的各向异性晶体；另一种是克尔效应，产生这种效应的晶体通常是具有任意对称性质或各向同性介质。主要的电光晶体有磷酸二氘钾、铌酸锂、钽酸锂、氯化亚铜和钽铌酸钾等晶体。磷酸二氘钾晶体的电光性能优良、半波电压低、线性电光系数大、透光波段宽、光学均匀性优良，并能生长大尺寸晶体，是最常用的一种电光晶体材料，广泛应用于激光频率转换材料等。氯化亚铜晶体的透过波段较宽（0.4～20.5μm），主要用于10.6μm的红外波调制器上，由于生长高光学质量、大尺寸晶体较困难，限制了该晶体的广泛应用。钽铌酸钾晶体的电光系数大、半波电压低、透光波段也较宽、电光调制效应较好，是一种很有发展前景的电光晶体材料。

（3）光折变晶体。光折变是指在辐射下，某些电光材料的折射率随光强的空间分布而变化的现象。光折变晶体则是指光致折射率变化的晶体。光折变效应发生过程如下：光频电场作用于光折变晶体，光激发电荷并使之转移和分离；电荷在晶体内转移和分离，引起电荷分布改变，建立起空间电场；空间电荷场通过晶体的线性电光效应，致使晶体的折射率发生变化。有实际应用价值的光折变晶体主要有钛酸钡、铌酸钾、铌酸锂以及掺铁离子的上述三种晶体、铌酸锶钡系列、硅酸铋晶体、铌酸锶钡钾钠晶体以及掺稀土或过渡性元素的晶体和钽铌酸钾晶体等。

九、光敏材料与光探测器

人类的眼睛所能感觉到的光波长为380～760nm的光，也就是可见光。但某些动物的眼睛还可以感觉到这一范围以外的光，如某些昆虫可以感觉到紫外光，蜜蜂的可见光范围为300～650nm，再如有些蛇类可以感觉到红外光。而光敏感材料除能取代人类的视觉功能感觉到可见光的信息以外，也能感觉到从X光到远红外范围的所有被称为"光"的信息。光传感材料按其感知光信息的方式不同主要有以下几种：

（1）发射光电子的材料。这种光敏感材料是一种电子亲和力小的光电材料，在光的照射下其表面可以发射电子，将光电子集中就形成光电流，通过测定光电流的大小可以测定光的强度，主要用于探测可见光和近紫外光。用这种材料制作的光传感器叫作光电子增倍管。钼—氧—铯陶瓷和锑—铯合金等材料是具备这种功能的佼佼者。

（2）产生光电动势的材料。在一些叫作半导体的材料中，它们对光的反应敏感，并且在它们之中掺杂一些其他元素就可以调节它们对光的敏感程度，它们也很容易通过微加工和镀膜等方法制成器件和集成。由这类材料制成的光传感器是利用空穴型和电子型半导体的 pn 结二极管，当光照射在 pn 结部位时，光被吸收，使之产生电子—空穴对，在外部电路中分别带有正负电荷的空穴和电子朝相反方向移动形成光电流，未来能源的主要承担者之一的太阳电池也是利用这一原理。虽然单晶硅、非晶硅、锗、砷化铟、锑化铟、碲化汞镉、碲化铅锡、碲化铟锡、硫化锌、磷化铟等元素和化合物半导体材料都具有这种能力，但现在使用最多的是单晶硅光传感器，单晶硅可以探测波长 400～1000nm 的光，并且能很容易地调节它在不同光波长处的敏感程度。另外，非晶硅用于光传感器也有优点，如：①它对光的响应性能与人的眼睛非常接近，特别适合于探测可见光的传感器。②可以制成大面积的薄膜。③可以采用玻璃、高分子膜及钢板等廉价材料做基板。④pn 结的形成非常简单。⑤可见光区域的光吸收系数大，1mm 以下的薄膜就可发挥探测功能。⑥微加工非常简单等。对于人类感觉不到的紫外光，由非晶硅与非晶碳化硅交互沉积形成的所谓超晶格材料也能很有效地进行探测。对于红外波段，则Ⅲ族－Ⅴ族和Ⅱ族－ⅤⅡ族及Ⅳ族－Ⅵ族化合物半导体有了用武之地。

（3）利用光电导效应的光传感材料。这也是一类半导体材料，主要有硒、硫化镉、硒—砷—碲、碲化镉、氧化铅—硫化铅、硒化镉等。这类半导体材料薄膜被具有光能量高于其禁带宽度的光照射时，产生电子—空穴对，使载流子量发生变化，从而引起电阻的变化，由此可以探测光信息。现在大量使用的复印机的问世就是非晶态硒的功劳。

（4）利用热释电效应的光传感材料。热释电效应是指由材料的温度变化引起材料自发极化强度变化的现象，自发极化强度随温度的变化率大的材料就叫热释电材料。由于光照射到热释电材料上时会引起材料发热而升温（即热效应），所以通过测定材料的温度变化就能知道光的强弱。利用热释电材料探测光信息时还可利用它的一种特殊功能，就是所谓量子效应，并且其灵敏度大于热效应，但需要冷却到很低的温度。热释电材料主要有钛酸铅、锆钛酸铅、钽酸锂等陶瓷材料及聚氟乙烯等高分子材料。用热释电材料制作的红外传感器和红外探测器已被广泛应用，如自动门、防盗报警器等。

（5）超导红外探测器。最近，由于高温超导体的出现，利用超导材料的量子效应和它在临界温度附近电阻随温度的急剧变化现象来探测红外光的超导红外探测器的研究很多，已取得了很大的进展，研究表明其灵敏度和响应速度大大高于热释电材料探测器，并且快。但是，必须将材料冷却到临界温度以下。随着高温超导材料的临界温度的不断提高，这种探测器的用途将会越来越广。

除此以外，还有可以探测人类感觉不到的 X 光以及电子射线的材料，它们一般是原子序数大、禁带宽并能加高电压，硅、锗、砷化镓、碲化镉、碲化锌、硫化铋、锑化铝、碘化铅、碘化汞、碘化钠等材料具备这种能力。

第六章 新型电子材料

一、电子材料概述

电子材料是指在电子技术和微电子技术中使用的材料，包括介电材料、半导体材料、压电与铁电材料、导电金属及其合金材料、光电子材料以及其他相关材料。主要用来制作仪器仪表的器件、组件、引线，或用于能量转换、信息传递等。宇宙中所有物质，不论具有何种结构和何种状态，都具有不同程度的导电能力，绝对绝缘体是不存在的。通常把物质的电阻率为 $10^{-8}\,\Omega\cdot m \sim 10^{-5}$ $\Omega\cdot m$ 的物质称为导体，电阻率为 $10^{-5}\,\Omega\cdot m \sim 10^{7}\,\Omega\cdot m$ 的物质称为半导体，电阻率为 $10^{7}\,\Omega\cdot m \sim 10^{20}\,\Omega\cdot m$ 以上的物质称为绝缘体。从微观上讲，材料之所以具有导电性是由于材料内部存在传递电流的载流子。载流子有 3 种：即电子、空穴和离子。以电子或空穴为电流的负载者称为电子导体或第一类导体，如：金属，电流通过这类导体时，不改变导体本身的结构和性能；以离子为电流负载者称为离子导体或第二类导体，如：酸、碱、盐溶液。电流通过这类导体时，必然伴随化学变化。

1. 金属导体导电的物理本质

理解某物质的导电现象必须明确载流子的类别，载流子的浓度，载流子产生和输送过程中的问题。金属自由电子理论认为：金属具有很强的导电本领是由于金属中存在着大量的自由电子，在没有外电场作用时，这些自由电子在金属中做无规则热运动，在各个方向上的平均速度等于零，因而不产生电流。当有外电场作用时，这些自由电子沿电场反方向产生净运动，便形成电流。自由电子在运动中不断与金属中离子点阵碰撞产生阻力，不能在电场作用下无限加速，而获得正比于外电场的恒定电流。按照能带理论则认为：金属中电子能级劈裂成允带和禁带相间的能带，允带的能级是允许电子具有的能级，禁带的能级是不允许电子具有的能级，金属导电本领的不同是由于能带结构不同造成的。导体的能带结构特征是有未被填满的导带；半导体和绝缘体能带结构特征是除了填满电子的价带外就是没有填充电子的空带，而半导体和绝缘体导电本领的差异产生于禁带宽度不同，半导体禁带宽度比绝缘体禁带宽度窄。

2. 离子导体导电的物理本质

离子导电的电性材料，其导电本质是通过离子进行电荷交换而完成载流子的输送过程的。电流通过这类导电材料时必然伴随化学变化，有电解物的生成。离子导体种类不同，导电能力不同，生成的电解物性质不同。随着电解物的生成，导电性将发生变化。对于同一种离子导体影响导电的因素主要有：①状态（包括溶液的浓度）不同直接影响离子导体内离子的数目，离子数目不同使导电能力产生差异。②温度不但能影响导体的状态，而且会影响离子产生的数目、离子迁移的速率，因而影响导电能力。③杂质，进入到离子导体内杂质的种类、性质、数晕对导电性将产生很大的影响。如果杂质是非金属性质、非离子性质的则降低导电能力，数量越多，导电能力降低就越大；如果足金属或离子性质的则增强导电能力，数量越多，增强导电能力就越大；金属或离子的种类不同，对导电能力增强影响的程度不同；电负性差越大影响就越大。

3. 导电聚合物的导电物理本质

聚合物是由许多共价键的小分子重复键合起来组成的，一般高分子聚合物材料都是绝缘体。但是，具有某些特殊结构的材料以及通过掺杂进行复合形成的复合聚合物具有导电性，或者因为聚合过程中常使用催化剂，在高温、高压下聚合而成，故常含有离子杂质或分解物，并且具有导电性，所以导电聚合物的导电是电子导电和离子导电同时存在，只是程度不同，一般不易判别处于支配地位的载流子究竟是离子性质的，还是电子性质的，需要专门设备才能有效地判别出来。影响导电聚合物导电的主要因素可归结如下：①聚合条件，对导电聚合物导电性能的影响相当大，载流子的种类，其中包括离产性载流子的正或负，及其价态和各类载流子的数量，对导电性的影响是十分重要的。②温度，聚合物受热分解或由于热激发会使载流子的性质、数量发生明显变化，因而引起导电性发生变化。③压力系数的不同，载流子起支配导电地位的程度就不同。通常压力系数为负时，以离子传导为支配地位；压力系数为正时，以电子传导为支配地位。④光照，能产生电子（或空穴）引起光电流而影响聚合物的导电性。

二、导电材料

导电材料是电子元器件和集成电路中应用最广泛的一种材料，用来制造传输电能的电线电缆，传导电信息的导线、引线和布线。导电材料最主要的性质是良好的导电性能。根据使用目的不同，除了导电性外，有时还要求有足够的机械强度、耐磨、弹性、耐高温、抗氧化、耐蚀、耐电弧以及高的热导率等。

1. 导电金属及其合金

（1）铜及其合金。金属按导电性能好坏依次为银、铜、金、铝。铜的导电和导热性好，不易氧化和腐蚀，机械强度好，易加工和焊接，资源丰富，易提炼，是常用的导电材料。合金元素或杂质对铜导电性影响很大，影响程度视元素的种类、含量不同而不同。在铜中加入适量 Sn、Si、P、Be、Cr、Mg、Cd 元素制成的铜合金称为青铜，加入不同量 Zn 制成的铜合金称为黄铜。青铜和黄铜有良好的导电性，机械强度比纯铜高。在铜中加入质量分数为 0.1% ~0.2% 的 Ag，其耐磨、耐腐蚀、电接触性更好。加入稀土元素可细化晶粒，改善工艺性能，提高耐热性。

（2）铝及其合金。铝的导电性约为铜的 65.45%，密度不到铜的一半，不易腐蚀，延展性和可塑性好，抗拉强度比铜低，不易焊接，提炼比铜难。杂质对铝的导电性影响大，含量很少的 Cr、Li、Mn、V、Zr、Ti，可使铝的导电率下降很多。冷加工提高机械强度，但对导电率影响不大。低温时，铝的抗拉强度、硬度、弹性模量和延伸率等均会提高，无低温脆性。在铝中加入 Si、Mg、Fe 元素，机械强度可提高很多，称作高强度铝合金；加入质量分数为 0.3% ~0.5% 的 Mg 或 0.4% ~0.7% 的 S，或 0.2% ~0.3% 的 Fe，经特殊加工可获得很高的机械强度，且导电率与纯铝相近。

（3）复合导电材料。为改善导电材料的一些性能，可制成复合材料。如在铜表面镀锌或包不锈钢层，提高铜的耐蚀性；镀银或包银使铜导电率提高，抗氧化性好，更易焊接；包覆镍，使铜的抗高温氧化性提高。在铝表面包覆铜，提高铝的导电性并容易焊接；在钢芯外面包覆不低于 50% 厚度的铜的复合导电材料，导电率和机械强度介于铜和钢之间。

2. 膜导电材料

按膜的厚度，膜导电材料可分为厚膜导电材料和薄膜导电材料，按浆料中含 Ag、Au、Pt、Rh 贵金属和含 Cu、Ni、Al、Cr 等金属，又分为贵金属系和贱金属系；膜导电材料用于集成电路中布线、芯片黏结、半导体封装等。厚膜导电材料是由导体浆料丝网印刷，然后烧结形成的。薄膜导电材料是由单种金属形成的单层薄膜导电材料，如铝膜；或由多层薄膜导体，如 Cr – AuNi – Cr 复合而成的复合薄膜导电材料。

随着科技的发展，仪器仪表向小型化、集成化发展，使膜导电材料用途越来越广，用量也越来越大，且向高温、高稳定性、贱金属方向发展。尤其聚合物膜导电材料的发展越来越受到人们的认识和重视。它能在一定温度、一定电压下，在某时由非导体剧变为导体；或在一定电压下升温，在某一温度域由良导体剧变为绝缘体，这种现象称为开关效应。聚合物导电是与其特定结构相联系的。聚合物导电材料分为两类：一类是具有大 π 键共轭结构体系的结构，可提供大量的、迁移率很高的电子载流子，加之化学掺杂和电化学掺杂又进一步提高它的导电率；另一类是复合聚合物导电材料，它是聚合物与各种导电性物质通过分散复合、层压复合、形成表面导电膜等方式构成的导电橡胶、导电塑料、导电涂料、导电黏合剂等导电材料。常用的导电性物质有炭黑、石墨、碳纤维、金属（包括粉、箔片、纤维、条）和镀金属层的玻璃纤维、碳纤维与玻璃球。除导电物质种类外，形状、尺寸、表面状态、比表面、吸附能力及导电物质在聚合物中的分布状况等对导电性都有影响。聚合物导电膜应用越来越广泛，如：它可以用作膜电极，其在电解液中不溶解；用于静电屏蔽膜；它做导电材料的同时，因其透明，可兼作光学材料，以及用作连接填料等。

三、电阻材料

电阻材料是利用物质的固有电阻特性来制作电子仪器、测量仪表等装置中不同功能的电阻元件的材料。它可按功能特性、成分体系、材料的电阻值或用途分类。

1. 精密电阻材料

精密电阻材料指电阻温度系数（简称 TCR）小，电阻—温度曲线线性度好，电阻值高，经年变化小，对铜的热电势低，机械性能和加工性好，容易焊接，耐腐蚀，抗氧化，有一定的耐热性，它主要用于电器回路中的电阻部件和电子线路中的电阻器件。按电阻大小，把 $\rho < 2000\Omega \cdot m$、$\rho = 4000 \sim 10000\Omega \cdot m$、$\rho > 10000\Omega \cdot m$ 的电阻材料分别称为低电阻材料、中电阻材料和高电阻材料；按成分体系分为铜锰合金、铜镍合金、镍铬合金以及铁铬铝合金等。

（1）铜锰合金。具有特殊的褐红色光泽，电阻率很低，主要用于电桥、电位差计、标准电阻元件及分流器、分压器等。

（2）铜镍合金。机械强度高，抗氧化和耐腐蚀性好，工作温度较高。铜镍合金丝在空气中加热氧化，能在其表面形成一层附着力很强的氧化膜绝缘层。主要用于电流、电压调节装置或控制绕组。

（3）镍铬合金。这是一种电阻系数大的合金，具有良好的耐高温性能，常用于制造线绕电阻器、电阻式加热器及电炉丝。在镍铬合金基础上加入适量的 Al、Fe、Cu、Mn、Si、Mo 等元素制作一系列改良型精密电阻材料，使其 ρ 增大，在较宽的温度范围内电阻—温度曲线近似直线。此类合金耐磨、耐腐蚀和强度均比锰铜好，但不易焊接，长期稳定性差。

（4）铁铬铝合金。这是以铁为主要成分，加入部分的铬和铝来提高电阻系数和耐热性。它的价格便宜，脆性大，不易拉成细丝，常制成带状或直径较大的电阻丝。

除上述几类合金外，还有 Mn 基、Ti 基和在特殊场合使用的高稳定性的 Pt、Au、Pd、Ag 等贵金属基精密电阻材料。

2. 膜电阻材料

膜电阻材料通常指体积小，重量轻，便于混合集成化，性能好，可靠性高，常用于电子电路中的厚膜电阻和薄膜电阻材料。

（1）厚膜电阻材料。这是由粒度为 $0.2 \sim 2.0 \mu m$ 的金属、金属氧化物、金属盐类、金属合金为导体粉料与粒度为 $0.5 \sim 10 \mu m$ 的硼硅铅等系玻璃粉料，以及与松节油、醋酸丁基卡必醇等有机载体、乙基纤维素、消化纤维素等增稠剂、流动控制剂、表面活性剂等混合压制成型后，经过高温烧制而成。包括由 $Pd - Ag$、RuO_2、$Bi_2Ru_2O_7$ 和 $Pb_2Ru_2O_6$ 等为导体粉料制成的厚膜电阻材料称为贵金属系厚膜电阻材料；由 $LuO - Cu_2O$、CdO、In_2O_3、Ti_2O、Ti_2O_3、SnO_2、MoO_3 等为导体粉料制成的厚膜电阻材料称为贱金属系厚膜电阻材料；以硼化物、碳化物、硅化物、氮化物，如：$MoSi_2$、Ta_2N、WC、LaB_6 等为粉料制成的厚膜电阻材料称为难熔金属化合物系厚膜电阻材料；以树脂和炭黑为主要原料，经加热固化制成的厚膜电阻材料称为聚合物厚膜电阻材料，简称 PTF 厚膜电阻材料。

（2）薄膜电阻材料。金属与合金的薄膜电阻是采用真空镀膜或溅射制成的。其特点是电阻率高，电阻温度系数可以控制得很小，其性能与制作工艺和结构密切相关。铬膜是最早用作薄膜电阻材料的。应用较多的钽薄膜电阻，电阻率高、稳定性好。Ni - Cr 系薄膜电阻的电阻温度系数小、稳定性好、噪声系数小、制作工艺简单。以 Ta - N、Ta - A1、Ta - Si 合金薄膜制成的 Ta 基薄膜电阻，具有自钝化性，可用阳极化法调整阻值，能用同种材料制成膜电阻和电容，使两者温度系数相互补偿。主要由 Cr - SiO₂、Ti - SiO₂、Au - SiO₂ 等金属和氧化物绝缘体所构成的金属陶瓷系薄膜电阻，是经真空蒸发或溅射，随后适当热处理制成的，其电阻率高，高温稳定性好。在真空下，将碳氢化合物经高温分解制成的碳膜电阻，其化学稳定性较高，电阻率较大，工艺简单，电阻温度系数较差，工作温度不得超过 150℃。在真空下分解硼有机化合物制成的硼碳膜电阻、分解碳氢化合物和硅有机化合制成的硅碳膜电阻，它们的电阻温度系数、耐热性比碳薄膜电阻好。用高温水解法制得的金属氧化膜电阻，主要是二氧化锡薄膜电阻，其耐热性高，化学稳定性和机械性好，但在直流下易发生电解。

3. 其他电阻材料

虽然材料的电阻主要由组织和状态决定的，但是下面几种电阻材料随环境变化电阻发生明显变化，因而具有特殊的用途。

（1）应变电阻材料。这是在精密电阻材料基础上发展起来的，是利用其电阻—应变效应制作各种应变电阻或传感器，用来测量压力、载荷、位移、加速度和扭矩等。

（2）热敏电阻材料。这是利用其电阻随温度稍微变化而电阻剧烈变化的特性来传递温度信号以及进行检测、控制、保护设备的材料。要求其电阻率较小，电阻温度系数大，电阻—温度曲线线性度好，电性能的时间稳定性好，抗氧化，耐腐蚀，加工性好等。电阻随温度升高而增大的称为正温度系数（PTC）热敏电阻，电阻随温度升高而降低的称为负温度系数（NTC）热敏电阻。热敏电阻材料大多数是过渡族金属复合氧化物的半导体材料。

（3）湿敏电阻材料。利用材料电阻与湿度的函数关系，制作测量湿度的湿度计。常用的湿敏电阻材料有纯金属 Se 蒸发膜和 LiCl。

（4）光敏电阻材料。这是利用材料电阻随光照的变化而变化的特性，制作电位器或测光仪，常用的光敏电阻材料是 CdS 和 PbS。

（5）磁电阻材料。铁磁体在外磁场作用下被磁化的过程中，它的电阻率发生改变的现象称为磁电阻效应。因此，具有磁电阻效应的电阻材料称为磁电阻材料。人们在大量的实验中发现，对铁磁性金属及合金而言，这种磁电阻效应是各向异性的，即磁电阻的大小与电流和磁场方向之夹角有关。当电流与磁场方向平行时测得的电阻变化称为纵向磁电阻；当电流与磁场方向垂直时，测得的电阻变化称为横向磁电阻。

四、电热材料

通电导体能释放热量，故可用作电热器，工业中作为电热器用的发热材料称作电热材料，具有应用价值的电热材料应在高温时具有良好的抗氧化性、足够的强度、电阻率大、加工性好，在工作状态下对氧及其他介质具有长期的稳定性，价格低等特点。

1. 金属类电热材料

由于纯金属的电阻率低、抗氧化性差，所以金属类电热材料主要为合金。绝大多数金属类电热材料在空气中加热，表面形成氧化膜，可保护材料与其他介质不易发生作用，使材料氧化变慢，甚至在一定条件下停止氧化，提高材料的使用寿命。

（1）镍基合金。镍与铬可形成有限固溶体。在 Ni 中加入 Cr 可有效地提高电阻率值，提高耐蚀性，降低电阻温度系数。当 Cr 的质量分数超过 20% 时，TCR 增加，且加工性变坏。在合金中若加入少量的 Mn 可提高机械、工艺和电学性能，并可脱去有害元素 S、P、C，加入少量的 Si、Al、Zr、Ba、Ce、Fe 等元素，可提高该类合金的工作温度和使用寿命。

（2）铁基合金。在铁中加入 Al 或 Cr，使电阻率显著增加，TCR 降低。加入 Al 比加入 Cr 电阻率增加更显著，同时加入 Al 和 Cr 对提高 ρ，降低 TCR 的作用比单一加入 Al 或 Cr 作用大。而且加入 Al，表面可生成致密的 Al_2O_3 保护膜，使材料具有高的热稳定性。

（3）铜镍合金。机械强度高，抗氧化和耐腐蚀性好，工作温度较高。铜镍合金丝在空气中加热氧化，能在其表面形成一层附着力很强的氧化膜绝缘层。

2. 非金属类电热材料

非金属类电热材料在工业中应用是非常广的，它们具有很好的耐热、耐高温等性能。

（1）碳化硅电热材料。碳化硅陶瓷多数以六方晶系 α – SiC 为主相的碳化硅陶瓷，能耐高温，变形小，耐急冷急热性好，具有良好的化学稳定性，耐磨，有很好的抗蠕变性。制备碳化硅陶瓷时，先把石英、炭和木屑装入电弧炉中，在 1900℃～2000℃ 高温下合成碳化硅粉。碳化硅粉在高温下易升华分解，因而不能熔铸，所以碳化硅陶瓷是用粉末冶金法制成的，有反应烧结和热压烧结两种粉末冶金制造方法。

（2）二硅化钼电热材料。二硅化钼是用粉末冶金烧结法制成的，表面有一层二氧化硅薄膜。二硅化钼有耐氧化，耐腐蚀，室温下硬脆，抗冲击强度低，1350℃ 以上变软、有延展性，耐急冷急热性好等特性。

（3）石墨。这是常用的电热材料，导热和导电性好。一般在还原性气氛或真空中使用，最高使用温度可达 3000℃。长期使用电热材料时，使用温度与环境对材料的使用寿命密切相关。

五、半导体和集成电路材料

1. 半导体的导电机理

半导体价带中的电子受激发后从满价带跃到空导带中，跃迁电子可在导带中自由运动，传导电子的负电荷。同时，在满价带中留下空穴，空穴带正电荷，在价带中可按电子运动相反的方向运动而传导正电荷。因此，半导体的导电来源于电子和空穴的运动，电子和空穴都是半导体中导电的载流子。激发既可以是热激发，也可以是非热激发，通过激发，半导体中产生载流子从而导电。

2. 半导体材料的分类

按成分可将半导体分为元素半导体和化合物半导体。元素半导体又可分为本征半导体和杂质半导体。化合物半导体又可分为合金、化合物、陶瓷和有机高分子四种半导体。半导体中价带上的电子借助于热、电、磁等方式激发到导带叫作本征激发。本征半导体就是指满足本征激发的半导体。利用杂质元素掺入纯元素中，把电子从杂质能级激发到导带上或者把电子从价带激发到杂质能级上，从而在价带中产生空穴的激发叫作非本征激发或杂质激发，满足这种激发的半导体就称为杂质半导体。

按掺杂原子的价电子数半导体可分为施主型和受主型，前者掺杂原子的价电子多于纯元素的价电子，后者正好相反。

还可按晶态把半导体分为结晶、微晶和非晶半导体。此外，还有按能带结构和电子跃迁状态将半导体进行分类的。

3. 元素半导体

一般从下列元素中考察元素半导体：C、Si、Ge、α-Sn；P、As、Sb、Bi；S、Se、Te；I等。但C（石墨）、Bi、As和Sb与其说是半导体，不如称之为半金属，P、S、I称作绝缘体更合适。IV族中Ge的价电子由2个s电子和2个p电子构成。它们形成sp^3杂化轨道。Ge原子之间是共价结合，构成四面体配位键。Si、Ge是半导体，α-Sn是半金属。V族中As的价电子由2个s电子和3个p电子构成。其中2个s电子与原子键合无关，只有3个p电子与相邻原子耦合成为共价键合。VI族中Se的价电子由2个s电子和4个p电子构成，其中4个成对，剩余的2个与邻近原子共价键合。

如果用V族元素置换IV族晶体的原子，则V族原子的4个价电子与IV族原子的4个价电子结合为共价键，就多余一个电子，由于这个价电子受V族元素的原子核电场作用比较弱，很易受热激发进入导带成为导电子。因此，V族元素的原子经常在IV族晶体中作为施主使用，使之成为n型半导体。如果III族元素置换IV族晶体的原子，则因为III族原子只有3个价电子，所以还必须从邻近的IV族的原子"借"电子来完成共价结合。这样，在价带中生成空穴。因此，III族原子在IV族晶体中常用作受主，使之成为P型半导体。

4. 化合物半导体

由于半导体化合物多为共价键结合，而周期表中I族和VII族元素通常结合成为很强的离子型晶体，为具有NaCl型或者CsCl型晶体结构的绝缘体。II族和VI族也较多地形成离子性强的NaCl型化合物，而III族和V族形成的化合物离子性减小。例如，III族和V族元素的化合物InSb可认为是共价键合。与元素半导体相比较，化合物半导体的禁带宽度大，可从InSb的0.16eV到GaP的2.24eV。$GaAs_xP_{1-x}$这类固溶体化合物其禁带宽度可以用成分的变化加以控制，还有就是它属于直接带隙半导体，即它的导带极小值和价带最大值对应于同一波矢量的位置。因此，电子和空穴对更易形成，这也正是激光材料需求的重要性质。

目前广泛使用的半导体硅器件，工作温度大多不超过200℃，因此在高温工作时，产生和耗散的热量无法达到平衡，在半导体器件内产生了不可恢复的破坏。但军事工业、飞机发动机和宇航等产业要求研制可在500℃~600℃温度范围内工作的电子器件。自此，高温半导体的研究便开始了。

5. 半导体微结构材料

半导体异质结、超晶格和量子阱材料统称为半导体微结构材料。一般 pn 结的两边是用同一种材料做成的称为同质结。如把两种不同的半导体材料做成一块单晶，称异质结。由于两种材料禁带宽度的不同以及其他特性方面的差异，使得异质结具有一系列同质结所没有的特性，从而在器件设计上也得到某些同质结不能实现的功能。由两种或两种以上不同材料的薄层周期性地交替生长，构成超晶格。当两个同样的异质结背对背接起来，构成一个量子阱。

6. 半导体陶瓷

半导体陶瓷是指导电性介于导电陶瓷和绝缘介质陶瓷之间的一类材料，其电阻率介于 $10^{-4}\Omega \cdot m \sim 10^{7}\Omega \cdot m$ 之间。一般是由一种或数种金属氧化物，采用陶瓷制备工艺制成的多晶半导体材料。这种材料的基本特征是具有半导体性质，且多半用于敏感元件，因此也称半导体陶瓷为敏感陶瓷。目前，实用的半导体陶瓷主要可分为三种：主要利用晶体本身性质的负温度系数热敏电阻、高温热敏电阻、氧化传感器；主要利用晶界和晶粒析出相性质的正温度系数热敏电阻、ZnO 系压敏电阻，以及主要利用表面性质的各种气体传感器、温度传感器。

（1）热敏陶瓷。它是一类电阻率随温度发生明显变化的陶瓷。按照阻温的变化，可分为正温度系数热敏陶瓷、负温度系数热敏陶瓷、临界热敏陶瓷和线性阻温特性热敏陶瓷四大类。目前，前两类热敏电阻应用最为广泛。正温度系数陶瓷，其电阻率随温度的升高而增大，利用其阻值在某温度区内发生大的突变，可用于精密温度测量及温度补偿，自控温发热，彩电消磁，过电流、过热保护等场合。从 1987 年起，该种陶瓷进入应用新阶段，产量速增，主要产品为空调机、暖风机、程控电话保安器、控温元器件等。但缺点是该种材料含有铅污染。而令人高兴的是最近生产出了一系列新材料，具有工艺简单，无铅等优点，可望在温度传感、加热和控制等方面应用。负温度系数陶瓷，主要是一些过渡金属氧化物半导体陶瓷，更多地用于通信及线路中温度补偿及测温探头等。在超小型元器件方面的发展，要求改进阻值温度系数的精度和可靠性，工作温区也在逐步扩大。

（2）压敏陶瓷。对电压变化极为敏感，且其电阻与电压呈非线性关系。在某一临界电压以下电阻值很高，几乎没有电流通过，但当电压超过其压敏电压时，电阻迅速下降，电流急剧增大。这种呈浪涌形的特殊伏安特性可用作电压保护装置。目前应用最广,性能最好的是 ZnO 压敏半导体陶瓷,它的耐压特性范围已经形成了系列化产品,被广泛用作各种电子仪器、电视机、录音机和电力控制设备的低压和高压的过电压保护元件,高能量浪涌吸收元件和高压稳压元件。

(3)气敏陶瓷。利用陶瓷的表面性质可制成气敏元件,它们对探测的气体有敏感性,同时又有稳定的物理和化学性质。气敏陶瓷元件设备结构简单、灵敏度高、使用方便、价格便宜等优点,主要用于防灾报警,在防止火灾及检测计量等方面用途很广。但它也有很多缺点,比如选择性差,重复性和稳定性也需进一步提高。

(4)湿敏陶瓷。这是指对空气或其他气体、液体和固体物质中水分含量敏感的陶瓷材料。湿敏电阻可将温度的变化转换为电信号,易于实现湿度指示,记录和控制自动化。优秀的湿敏传感器陶瓷应具备下列特性:高可靠性和长寿命;用于各种有腐蚀性气体的场合时,传感器的特性不变;用于多种污染环境,其特性不漂移;传感器特性的温度稳定性好;能用于宽的湿度范围和温度范围;在全湿度量程内,传感器的变化要易于测量;便于生产,价格便宜;有好的互换性。对于湿敏陶瓷元件来说,提高灵敏度、再现性和稳定性是我们目前需要解决的主要问题。

7. 半导体信息存储材料

半导体信息存储材料主要用于计算机的内存储,即通常所说的 RAM 和 ROM,RAM 为随机存取存储,要求高速擦,ROM 为只读存储,主要是保存数据。它们都是基于半导体材料硅,是将半导体,特别是硅和金属以及氧化物材料,制成 MOS 等层状结构形式的所谓场效应晶体管,再将大量的 MOS 器件集成在一起形成记忆模块。其中,M 代表金属,O 代表氧化物,S 代表硅,有时 S 也代表半导体。这里的氧化物层是将半导体硅的表面氧化而形成的二氧化硅(SiO_2)。ROM 具有在切断电源时仍能保存信息的特性,但缺点是可擦写的次数有限。RAM 具有高速存取的特性,但切断电源时数据消失。

为了弥补这两者的缺陷,最近 FeRAM—铁电体随机存取存储的研究十分活跃,它是未来的一种永久性存储器,其心脏部分是铁电体氧化物薄膜。FeRAM 是通过利用铁电体材料的电滞回线效应,使得这种存储既具有数据不消失性,同时擦写次数又可达到 $10^{10} \sim 10^{12}$ 次,而且存取速度也非常快,达到微秒以下。目前,研究的 FeRAM 主要有两种结构:一类是在 MOS 的基础上串联 MFM 器件，其中的 F 表示铁电体氧化物，它是利用铁电体的残余极化来实现信息的存储的。另一类是将 MOS 的氧化物层替换成铁电体层而形成 MFS 结构，或在此基础上再插入绝缘体层（以 I 表示）和金属层形成 MFIS、MFMIS 结构。铁电体永久性存储器的关键材料是氧化物铁电体材料和作为电极的氧化物导体材料。氧化物铁电体材料主要是钛酸盐系列（如钛酸钡、钛酸锶等）和铋系氧化物（如钽酸锶铋，即 $Bi_2SrTa_2O_9$ 等）。

8. 集成电路材料

集成电路材料主要包括二极管、三极管等集成电路元件、约瑟夫逊计算机用超导器件、集成电路基板、集成电路安装材料（容器）、电阻材料、电容器材料、磁性材料、谐振腔材料和滤波器材料等。

首先，二极管、三极管等集成电路元件中所使用的主要是半导体材料，它要求材料具有高电子迁移速度和高速运算能力。最早，人们研制出的晶体管是由半导体锗制成的。锗作为材料很早就被发现，但被制成器件还是到第二次世界大战刚结束不久的 1948 年，而且最早的三极管只不过能够放大电信号而已。半导体的出现到晶体管的研制成功之所以花费了漫长的时间，是因为最早的半导体中含有大量的杂质，这些杂质对半导体材料本身的功能会发生干扰，所以即使制成器件也无法进行信号的放大等工作。材料制备技术的发展，使得纯净锗材料的制备成为可能之后，才诞生了第一个三极管，后来材料科学家又研制出了半导体硅，而硅的能力比锗更强大，从而使信息化社会发展到了现在的程度。

作为集成电路的主体，要使信息的处理能力和运算速度提高，所集成的二极管和三极管越多越好。但是，一个基板上所能集成的二极管和三极管的数量是有限的。于是，约瑟夫逊计算机的概念应运而生，但它需要一种电阻为零的材料，即所谓超导材料，以用它制成的约瑟夫逊器件来取代用半导体材料制成的二极管和三极管。20 世纪初的 1905 年，人们就发现了某些材料具有超导现象。但是，它们只能在极低的温度下（接近于绝对 0°）才能工作。直到 20 世纪 80 年代末期，人们发现了所谓的高温超导体，它们可以在液氮温度（-196℃）附近工作，才使约瑟夫逊器件到了可以看得见摸得着的地步。近年来，约瑟夫逊器件的研究进展很快，也许在 21 世纪初就会出现约瑟夫逊计算机。

要使一个一个的二极管和三极管等元件具有高速的信息处理功能，必须将大量的这些器件组合在一起，这样就需要支持它们的基板。由于大量的二极管和三极管等元件集成在一块基板上，要保证各元件之间互不干扰，基板材料必须高度绝缘，特别是为了保证它在高频下的绝缘性，它的介电常数必须小。同时，随着集成电路的高密度化，在进行信息处理时，电路上或多或少都会发热，这些热量会影响各个二极管和三极管的正常工作，为了使这些热量能尽快散发掉，还要求基板材料具有高的导热系数。从原理上来讲，由电子进行传热时，要使导热系数变大、电导率降低（电阻变大）两者同时满足要求很难。另外，为了保证集成电路正常工作，还要求基板材料的热膨胀系数与电路材料接近，所能使用的材料基本上是无机陶瓷材料或高分子材料。目前，大量使用的陶瓷材料有氧化铝陶瓷和添加了少量氧化铍的碳化硅陶瓷，金刚石、氮化硼和氮化铝等陶瓷具有很高的导热系数，非常适合于超大规模集成电路的基板材料，但是，它们目前的成本比氧化铝基板要高出 5～10 倍。另外，有机材料普遍耐热性能较差，适合用于基板材料的主要是能耐较高温度的聚酰亚胺等材料。

集成电路的安装材料并不要求有多高的电绝缘性，而要求热辐射能力强和传热快，主要是为了将由基板传来的热量能尽快地散发出去。所以，主要是使用一些具有高辐射系数的陶瓷或金属材料。陶瓷材料主要有氧化铝、硅酸镁、莫来石、氧化铍、碳化四硼等，金属材料主要有钨、钼、铁—镍合金、铜等。

电阻材料在集成电路中起着限流、限压和温度补偿等作用，包括精密电阻、温度补偿电阻和电压补偿电阻。精密电阻要求温度系数小，主要使用一些合金材料，如铜镍合金、铜锰合金、镍铬合金和铁铬铝合金等；温度补偿电阻即温敏电阻，已经在温度传感器的部分有论述；电压补偿电阻，即所谓压敏电阻是为了防止电路中产生高电压，它要求材料具有很高的电压—电流非线性特性。最早使用的压敏电阻是碳化硅，但是它的电压—电流非线性特性较小。1976 年，日本学者首先发现了氧化锌—氧化铋陶瓷晶粒间的晶界具有非线性的电压—电流特性（伏安特性），利用这种氧化锌系压敏陶瓷可以制成具有很高非线性伏安特性，而且能够承受大电流和大能量的压敏电阻器。氧化锌系压敏陶瓷制造工艺简单，价格低廉，是传统的碳化硅压敏电阻所无法比拟的。现在的压敏电阻器基本上采用氧化锌系陶瓷。在电子电路中往往需要将压敏电阻器和电容器并联，用于吸收浪涌电压、消除噪声等，因此需要研制一种电容—压敏复合功能的材料。氧化锌系陶瓷虽然具有很高的压敏效应，但介电系数小，损耗角大，缺乏大的电容量；当电压小于 20V 时，非线性压敏系数很小。自1981 年以来，日本、美国及欧洲等国家先后利用钛酸锶系半导体陶瓷的晶界效应，研制成了一种电容器兼压敏电阻器的复合功能器件。目前，已应用于微型电动机、电子电路、电动控制和计算机等。但是，钛酸锶系电容—压敏复合功能材料的制备工艺复杂，且耐浪涌能力差，易蜕变。

电容器的目的是为了储存大量的电荷，所以要求材料具有很高的介电系数，但是，在高频下使用时，又要求它的高频介电系数和介电损耗都小。另外，作为电容器还要求材料的介电系数随温度的变化小（低的温度系数），并有高的击穿电压。所以，主要是使用一些氧化物玻璃或陶瓷材料，如钾铅硅酸盐玻璃、硅酸镁系统陶瓷、钛酸镁陶瓷、钛酸锶陶瓷、钛酸钙陶瓷、二氧化钛陶瓷、钛酸钡 + （氧化锶，锡酸钡，锆酸钡）陶瓷及锡酸铋陶瓷等。除此之外，聚苯乙烯等高分子材料也是很好的电容器材料。

六、超导材料

物质在超低温下，失去电阻的性质称为超导电性；相应的具有这种性质的物质就称为超导体。超导体在电阻消失前的状态称为常导状态；电阻消失后的状态称为超导状态。1911 年，荷兰物理学家翁奈在研究水银低温电阻时首先发现了超导现象，后来又陆续发现一些金属、合金和化合物在低温时电阻也变为零，即具有超导现象。

1. 超导体的基本物理性质

（1）零电阻现象。超导体的零电阻现象与常导体零电阻在实质上截然不同。常导体的零电阻是指在理想的金属晶体中，由于电子运动畅通无阻，因此没有电阻；而超导体零电阻是指当温度降至某一数值 T_c 或以下时，其电阻突然变为零。

（2）完全抗磁性。1933 年，迈斯纳和奥森尔德首次发现了超导体具有完全抗磁性的特点。把锡单晶球超导体在磁场中冷却，在达到临界温度 T_c 以下，超导体内的磁通线一下子被排斥出去；或者先把超导体冷却至 T_c 以下，再通以磁场，这时磁通线也被排斥出去。即在超导状态下，超导体内磁感应强度 $B \equiv 0$，这就是迈斯纳效应。产生迈斯纳效应的原因是，当超导体处于超导态时，在磁场作用下表面产生一个无损耗感应电流。这个电流产生的磁场恰恰与外加磁场大小相等、方向相反，因而总合成磁场为零。由此可知超导态具有两大基本属性，即零电阻现象和迈斯纳效应，它们是相互独立又相互联系的。单纯的零电阻并不能保证迈斯纳效应的存在，但零电阻又是迈斯纳效应的必要条件。

因此，衡量一种材料是否超导体，必须看是否同时具备零电阻和迈斯纳效应。

2．超导机理

在阐明超导机理的几种理论中，当前二流体模型是较有说服力的、较为流行的一种。1934 年，戈特和卡西米尔以超导体在超导转变时发生热力学变化作依据，提出了超导电性的二流体模型理论，二流体模型的理论观点很好地解释了超导体在超导态时的零电阻现象。

二流体模型认为：超导体处于超导态时传导电子分为两部分：一部分叫常导电子；另一部分叫超流电子。两种电子占据同一体积，彼此独立运动，在空间上互相渗透；常导电子的导电规律与常规导体一样，受晶格振动而散射，因而产生电阻，对热力学熵有贡献；超流电子处于某种凝聚状态，不受晶格振动而散射，对熵无贡献，其电阻为零，它在晶格中无阻地流动。这两种电子的相对数目与温度有关，$T > Tc$ 时，没有凝聚；$T = Tc$ 时，开始凝聚；$T = 0$ 时，超流电子成分占 100%。

3．超导材料的分类

按成分可将超导材料分为元素超导体、合金和化合物超导体，有机高分子超导体三类。现在已知的有 24 种元素具有超导性。除碱金属、碱土金属、铁磁金属、贵金属外几乎全部金属元素都具有超导性。合金和化合物超导体包括二元、三元和多元的合金及化合物。组成可以是全为超导元素，也可以部分为超导元素，部分为非超导元素，有机高分子超导体主要是非碳高分子 $(SN)_x$。

4．超导材料的应用

（1）低温超导材料的应用。低温超导材料的应用分为：强电应用和弱电应用，前者主要包括超导在强磁场中的应用和大电流输送，后者主要包括超导电性在微电子学和精密测量等方面的应用。强电方面超导材料的主要应用是超导磁体，它应用领域十分广泛，发展十分迅速。首先超导磁体体积紧凑而质量轻，当它处于超导态时，可承载巨大的电流密度，用它制作绕组不需铁芯，故超导磁体小而轻。其次是超导磁体的耗电量很低。同时，超导磁体系容易获得更高的磁场，而强磁场是现代物理研究的前提，也是衡量一个国家工业和技术实力的标准之一。此外，超导磁体还用于核磁共振层析扫描和超导能量储存等。

弱电方面，根据交流约瑟夫森效应，利用约瑟夫森结可以得到标准电压，而且数值精确，使用方便，在电压计量工作中具有重要意义。它把电压基准提高了两个数量级以上，并已确定为国际基准。超导电子可以穿越夹在两块超导体之间极薄绝缘层而产生超导隧道效应。利用这一效应可制成各种器件，这种器件具有灵敏度高、噪声低、响应速度快和损耗小等特点。超导体从超导态转变到正常态时，电阻从零变到有限值，利用这种现象可制成各种快动开关元件。按照控制超导体状态改变的不同方式，超导开关分磁控式、热控式和电流控制式等。如按照超导体状态改变时发生突变的性质，则超导开关又可分为电阻开关、电感开关和热开关。一般而言，磁控式开关响应快，但对开关电路会产生一定干扰，且往往体积较大。热控式开关响应慢，但较简便，因此应用较广。

约瑟夫森效应的另一个基本应用是超导量子干涉器，它是高灵敏度的磁传感器。在干涉器里可以有一个或两个约瑟夫森结，干涉器要求没有磁滞的约瑟夫森结，因此可用一个足够小的电阻把薄膜微桥或隧道结并联起来。它的最基本的特点是对磁通非常敏感，能够分辨出 10^{-15}T 的磁场变化。超导量子干涉器又分为直流超导量子干涉器和射频超导量子干涉器。前者的特点是在一个超导环路中有两个约瑟夫森结，它是在直流偏置下工作的；后者为单结超导环，它对直流总是短路的，只能在射频条件下工作。可以用于生物学。约瑟夫森结还有在计算应用上的巨大潜力，它的开关速度在 10^{-12}s 量级和能量损耗在皮可瓦范围，利用这一特性可能开发新的电子器件，如可以为速度更快的计算机建造逻辑电路和存储器。超导电性还在精密测量中被广泛应用，如超导重力仪是用来测量地球重力加速度的仪器。以超导电子器件制成的超导磁强计的灵敏度为最高。

（2）高温超导体材料的应用。目前，高温超导材料大量应用在磁体、电子器件、电力等方面，但仍有许多材料和技术方面的问题需要解决。在材料方面，主要是要求超导体应有较高的临界温度和临界电流，广泛应用的限制来自低温技术。比如说，用超导材料代替目前输电线就很困难，因为它要求在长距离上使超导体保持在临界温度以下，这就需要设计适当的低温系统，建造和维护它们都需要有非常专门的技术。另外，对于用传统超导体制造的设备，需要用液氮冷却。由于氦气十分稀少，所以还需要一个附加的封闭系统，以降低氦气的损耗，这正是物理学家们总是千方百计提高超导临界温度的原因，也是近年来高温超导体的发现在世界上产生如此大反响的原因。综上所述，高温超导材料的应用前景是很广阔的。

七、热电、压电和铁电材料

电介质材料置于外电场作用下，电介质内部就会出现电极化，原来不带电的电介质，其内部和表面将受感应而产生一定的电荷。电极化可以用极化强度表示（单位体积内感应的偶极矩），这种电极化可以分为电子极化、离子极化和取向极化。有一类电介质即使无外电场的作用其内部也会出现极化，这种极化称为自发极化，它可用矢量来描述。由于这种自发极化的出现，在晶体中形成了一个特殊的方向，具有这种特殊结构的电介质，每个晶胞中原子的构型使正负电荷重心沿这个特殊方向发生相对位移，形成电偶极矩，使整个晶体在该方向上呈现了极性，一端为正，一端为负，这个特殊方向称为特殊极性方向，在晶体学中通常称为极轴。而具有特殊极性方向的电介质称为极性电介质。

晶体的许多性质，诸如介电、压电、热电和铁电性，以及与之相关的电致伸缩性质、非线性光学性质、电光性质、声光性质、光折变性质等，都是与其电极化性质相关的。晶体在外电场作用下，引起电介质产生电极化的现象，称为晶体的介电性。

1. 热电材料

（1）热电材料的热电效应。

①塞贝克（Seebeck）效应。当两种不同金属接触时，它们之间会产生接触电位差。如果两种不同金属形成一个回路时，两个接头的温度不同，则由于该两接头的接触电位不同，电路中会存在一个电动势，因而有电流通过。电流与热流之间有交互作用存在，其温度梯度不但可以产生热流，还可以产生电流，这是一种热电效应，称为塞贝克效应，其所形成的电动势，称为塞贝克电动势。

②珀耳帖（Peltier）效应。在塞贝克效应发现后不久，珀耳帖发现塞贝克效应的逆效应，即当两种金属通过两个接点组成一回路并通以电流时，会使一个接头发热而使另一个接头制冷，这就是珀耳帖效应。由此效应而产生的热称为珀耳帖热，其数值大小既取决于两种材料的性质，也与通过的电流成正比。

③汤姆逊（Thomson）效应。汤姆逊认为，在绝对零度时，帕尔帖系数与塞贝克系数之间存在简单的倍数关系。在此基础上，他又从理论上预言了一种新的温差电效应，即当电流在温度不均匀的导体中流过时，导体除产生不可逆的焦耳热之外，还要吸收或放出一定的热量，称为汤姆逊热。或者反过来，当

一根金属棒的两端温度不同时，金属棒两端会形成电势差。这一现象叫汤姆逊效应，成为继塞贝克效应和帕尔帖效应之后的第三个热电效应。

（2）热电偶材料。

利用热电效应，可制成各类测温热电偶。迄今为止，已研究过的热电偶材料组合达300余种，包括纯金属和合金的金属类及石墨、碳化物、硅化物、硫化物、高分子、液晶非金属类和多种复合材料的热电偶。各种热电偶因材质不同，化学性质各异，在不同温度、环境中，热电稳定性不同，热电势大小、热电势温度系数、使用温度范围不同，用作工业应用的热电偶材料。要求具有稳定的化学和物理性能，较高的热电势，热电势随温度变化线性度好（最好成直线），使用温度范围宽，易加工，资源丰富，价格适中等。合金热电材料是最重要的热电材料之一，根据塞贝克效应的原理，被广泛地应用在测量温度方面，这便是我们熟知的热电偶。不同金属组合而成的热电偶适合于不同的温度范围，例如铜—康铜（60% Cu，40% Ni）适合于 $-200℃ \sim 400℃$、镍铬（90% Ni，10% Cr）—镍铝（95% Ni，5% Al）适合于 $0℃ \sim 1000℃$、铂—铂铑（87% Pt，13% Rh）可使用到1500℃等。

（3）热电材料的其他应用。

热电效应还广泛地被用于加热、制冷和发电等，尤其是发电方面的研究最受重视。虽然温差发电效率低而成本高，但在一些场合，如高山、极地、宇宙空间等其他能源无法使用的情况下，温差发电可以长时间地提供大功率能源就显示出其独特的意义。研究较多的合金热电材料是碲化铋（Bi_2Te_3）、硒化铋（Bi_2Se_3）、碲化锑（Sb_2Te_3），用于低温温差发电，也用于制冷。除一些合金外，一些半导体（如碲化铅 PbTe）、氧化物、碳化物、氮化物、硼化物和硅化物也有可能用于热电转换。但一般认为具有较高塞贝克系数的硅化物应用前景可能比较乐观，它还兼具容易形成固溶体、工作温度高等优点。聚偏氟乙烯及其共聚物也能产生热电效应，被称为热电聚合物。

2. 压电材料

（1）压电材料的压电效应与逆压电效应。

压电材料是实现机械能与电能相互转变的工作物质，这是一类具有很大潜力的功能材料。当压电材料受到机械应力时，会引起电极化，其极化值与机械应力成正比，其符号则取决于应力的方向，这种现象称为正压电效应。反过来，材料在电场作用下，产生一个在数量上与电场强度成正比的应变，这种现象称为逆压电效应。例如，石英是一种压电晶体，若沿某种方位从石英晶体上切下一块薄晶片，在上下两面敷上电极，当在两电极上施加压力使晶片变形，两个电极上会出现等量的正、负电荷，电荷的面密度与施加的作用力的大小成正比；当作用力撤除，电荷也就消失。而若将晶体置于外电场中，由于电场的作用，会使压电晶体发生变形，而变形的大小与外电场的大小成正比，当电场撤除后，变形也消失了。

（2）压电材料及其应用。

常用的压电材料有石英（SiO_2）、钛酸钡（$BaTiO_3$）、铌酸锂（$LiNbO_3$）等单晶和钙钛矿型的钛酸钡、钛酸铅（$PbTiO_3$）、锆钛酸铅 $Pb（Zr_x，Ti_{1-x}）O_3$ 的多晶材料，其成分可根据应用的要求进行配料。压电陶瓷的生产首先要将配制的原料磨细，准确按配比混合均匀，高压下压成所需的形状和大小，再进行烧结。压电陶瓷是多晶聚集体，各晶粒取向不同。由于各电畴极化方向随机分布，陶瓷内部总的极化强度为零，在生产压电陶瓷时，需要经过极化处理，即在烧制好的陶瓷上加一足够高的直流电场，迫使陶瓷内部的电畴转向。极化处理后，撤去外电场，仍有剩余极化强度。

压电材料的应用很广，首先是利用它的换能特性，即将电能转变为机械能或将机械能转变为电能；其次是压电晶体的谐振特性。下面列举四个实例：

①水声换能器。用于水中通信和探测的装置。由于电磁波在水中传播损耗很大，传不多远就会被水吸收掉，而声波在水中的传播损耗很小，所以水中通信和探测主要利用声波来传递信息。产生和探测声波的仪器叫声呐系统，人们将水中的声呐和空中的雷达来对比，制造水声换能器最理想的材料就是压电陶瓷。

②压电点火器。压电晶体受到外力作用后，在电极面上会感应出电荷，电荷聚集而形成高电压，利用高电压可产生火花放电，这种电火花可用于点燃煤气以及炮弹引信等，压电高压发生器大多使用压电陶瓷制作。

③ 压电超声换能器。是将电能转换成超声能量，用于超声清洗、超声乳化、超声粉碎、超声加工、超声雾化、超声治疗等方面，应用范围十分广泛。

④ 石英电子手表。压电效应除了利用换能作用外，还有另一类重要的应用，即利用压电晶体的谐振特性。例如石英晶体存在一个固有的谐振频率，当给压电晶体输入一个电信号时，如果电信号的频率与压电晶体的谐振频率相等，压电晶体会产生强的机械振动，这种机械振动又使压电晶体输出强的电信号。由于石英晶体的谐振频率极为稳定，可用以设计制造报时准确的石英电

子表。

3. 铁电材料

一般的电介质只有在电场作用下才能电极化，但有一类电介质具有自发极化，而且它的自发极化方向能随电场的作用而转向，这一类电介质称为铁电体。晶体自发极化的性质起源于晶体中原子的有序排列，出现正负电荷的重心沿某一方向发生相对位移，整个晶体在该方向上呈现极性，一端为正，一端为负，使晶体自发地出现极化现象。自发极化晶体的极化状态，将随温度的改变而变化，这种性质称为热电性。热电性是所有呈现自发极化的晶体的共性，具有热电性的晶体称为热电体，所有的铁电体都具有压电性，但压电晶体不一定都是铁电体。

晶体在整体上呈现自发极化，意味着在其正负两端分别有一层正的和负的束缚电荷，束缚电荷产生的电场在晶体内部与极化反向，使静电能升高，这导致均匀极化的状态是不稳定的。实际上晶体存在着电畴，每个电畴内部电偶极子取向相同，不同的电畴电偶极子的取向则不同。由于电畴的存在，铁电体的极化随电场变化而变。电极化强度和电场强度正的关系可以用和磁滞回线相类似的电滞回线表示，晶体的铁电性通常只存在于一定的温度范围，当温度超过某一数值时，自发极化消失，铁电休变为顺电休，该温度即为居里温度（Tc）。

铁电材料对电信号表现出高介电常数，对温度改变表现出大的热释电响应，在应力或声波作用下具有强的压电效应和声光效应，在强电场作用下具有显著的电光效应。另外，铁电材料在强光辐照下，电子被激发引起自发极化的变化，从而出现许多新的现象，如光折变效应等，铁电材料具有的这些性质，已为它的应用开辟了广阔前景。具有铁电性的晶体很多，但概括起来可以分为两大类：一类以磷酸二氢钾（KH_2PO_4）代表，具有氢键，他们从顺电相过渡到铁电像是无序到有序的相变。以磷酸二氢钾为代表的氢键型铁晶体管，中子绕射的数据显示，在居里温度以上，质子沿氢键的分布是成对称沿展的形状。在低于居里温度时，质子的分布较集中且不对称于邻近的离子，质子会较靠近氢键的一端。另一类则以钛酸钡为代表，从顺电像到铁电像的过渡是由于其中两个子晶格发生相对位移。对于以钛酸钡为代表的钙钛矿型铁电体，绕射实验证明，自发极化的出现是由于正离子的子晶格与负离子的子晶格发生相对位移。

第七章 新型磁性材料

一、磁性材料概述

磁性是物质的一种基本属性。磁性材料就是具有磁有序的强磁性物质，主要是指由过渡元素铁、钴、镍及其合金等组成的能够直接或间接产生磁性的物质，广义上还包括可应用其磁性和磁效应的弱磁性及反铁磁性物质。磁性物质按照其内部结构及其在外磁场中的性状可分为抗磁性、顺磁性、铁磁性、反铁磁性和亚铁磁性物质。铁磁性和亚铁磁性物质为强磁性物质，抗磁性和顺磁性物质为弱磁性物质。磁性材料按性质分为金属和非金属两类，前者主要有电工钢、镍基合金和稀土合金等，后者主要是铁氧体材料。按使用又分为软磁材料、永磁材料和功能磁性材料。功能磁性材料主要有磁致伸缩材料、磁记录材料、磁电阻材料、磁泡材料、磁光材料，旋磁材料以及磁性薄膜材料等。磁性材料从形态上讲，包括粉体材料、液体材料、块体材料、薄膜材料等。磁性材料的应用很广泛，可用于电声、电信、电表、电机中，还可作记忆元件、微波元件等。可用于记录语言、音乐、图像信息的磁带、计算机的磁性存储设备、乘客乘车的凭证和票价结算的磁性卡等。

1. 磁性材料的磁化曲线

磁性材料是由铁磁性物质或亚铁磁性物质组成的，在外加磁场 H 作用下，必有相应的磁化强度 M 或磁感应强度 B，它们随磁场强度 H 的变化曲线称为磁化曲线（M~H 或 B~H 曲线）。磁化曲线一般来说是非线性的，具有两个特点：磁饱和现象及磁滞现象。即当磁场强度 H 足够大时，磁化强度 M 达到一个确定的饱和值 Ms，继续增大 H，Ms 保持不变；以及当材料的 M 值达到饱和后，外磁场 H 降低为零时，M 并不恢复为零，而是沿 MsMr 曲线变化。材料的工作状态相当于 M ~ H 曲线或 B ~ H 曲线上的某一点，该点常称为工作点。

2. 软磁材料的常用磁性能参数

（1）饱和磁感应强度 Bs：其大小取决于材料的成分，它所对应的物理状态是材料内部的磁化矢量整齐排列。

（2）剩余磁感应强度 Br：是磁滞回线上的特征参数，H 回到 0 时的 B 值。

（3）矩形比：Br / Bs，即剩余磁感应强度与饱和磁感应强度的比值。

（4）矫顽力 Hc：是表示材料磁化难易程度的量，取决于材料的成分及缺陷（杂质、应力等）。

（5）磁导率 μ：是磁滞回线上任何点所对应的 B 与 H 的比值，与器件工作状态密切相关。磁导率有初始磁导率 μ_i、最大磁导率 μ_m、微分磁导率 μ_d、振幅磁导率 μ_a、有效磁导率 μ_e、脉冲磁导率 μ_p 等。

（6）居里温度 T_c：铁磁物质的磁化强度随温度升高而下降，达到某一温度时，自发磁化消失，转变为顺磁性，该临界温度为居里温度，它确定了磁性器件工作的上限温度。

二、永磁材料

矫顽力大于 400A/m 以上的磁性材料称为永磁材料。永磁体经充磁技术饱和并去掉磁场后仍保留较强的磁性，又称为硬磁或恒磁材料。即一经外磁场磁化以后，即使在相当大的反向磁场作用下，仍能保持一部或大部原磁化方向的磁性。工业上应用的永磁材料主要包括合金、铁氧体和金属间化合物三类。永磁材料有多种用途：①基于电磁力作用原理的应用主要有：扬声器、话筒、电表、按键、电机、继电器、传感器、开关等。②基于磁电作用原理的应用主要有：磁控管和行波管等微波电子管、显像管、钛泵、微波铁氧体器件、磁阻器件、霍尔器件等。③基于磁力作用原理的应用主要有：磁轴承、选矿机、磁力分离器、磁性吸盘、磁密封、磁黑板、玩具、标牌、密码锁、复印机、控温计等。其他方面的应用还有：磁疗、磁化水、磁麻醉等。根据使用的需要，永磁材料可有不同的结构和形态，有些材料还有各向同性和各向异性之别。

1. 合金类永磁材料

合金类永磁材料主要包括铸造、烧结和可加工合金。铸造合金的主要品种有：AlNi（Co）、FeCr（Co）、FeCrMo、FeAlC、FeCo（V）（W）；烧结合金有：

Re-Co（Re 代表稀土元素）、Re-Fe 以及 AlNi（Co）、FeCrCo 等；可加工合金有：FeCrCo、PtCo、MnAlC、CuNiFe 和 AlMnAg 等。铝镍钴和铁铬钴系永磁合金是最为常见的合金类永磁材料，这些合金以 Fe、Ni、Al、Gr 等元素为主要成分，并通过加入 Cu、Co 和 Ti 等元素进一步提高合金性能。铸造铝镍钴合金具有生产工艺简单和产品性能高等特点，绝大部分铝镍钴合金都采用铸造法生产。铁铬钴系永磁合金可以通过成分调节将其低的单轴各向异性常数提高到铝镍钴合金的水平，也可通过磁场处理、定向凝固 + 磁场处理（结晶与磁双重织构），以及塑性变形与适当热处理的方法（形变时效）显著提高合金性能。

2. 永磁铁氧体

铁氧体类永磁材料主要成分为 $MO \cdot 6Fe_2O_3$，其中 M 代表 Ba、Sr、Pb 或 SrCa、LaCa 等复合组分。工业上普遍应用的永磁铁氧体主要有两种：钡铁氧体（$BaO \cdot 6Fe_2O_3$）和锶铁氧体（$SrO \cdot 6Fe_2O_3$），晶体结构均属六角晶系。一般是以 Fe_2O_3、$BaCO_3$ 和 $SrCO_3$ 为原料，经混合、预烧、球磨、压制成形、烧结等制成。此类材料呈亚铁磁性，具有高的磁晶各向异性常数。将预烧料球磨呈尺寸约为 $1\mu m$ 的单畴颗粒后烧结出的磁体具有较高的矫顽力，根据成形过程中加磁场与否，烧结铁氧体材料可制成各向同性磁体和各向异性磁体。其中各向异性磁体的制备是在压制过程中加上强磁场，使铁氧体的单畴粒子在磁场下转动，得到易磁化轴与磁场方向一致的强各向异性磁体。

3. 稀土—过渡金属间化合物

稀土—过渡金属间化合物永磁材料是以稀土金属元素与过渡族金属所形成的金属间化合物为基体的永磁材料，通常称为稀土金属间化合物永磁，简称为稀土永磁。它主要包括两大类：第一类是 Re-Co 永磁，或称稀土 Co 永磁；第二类是铁基稀土永磁，最具代表意义的就是 Nd-Fe-B 永磁材料。Re-Co 永磁材料包括两种，第一种是 1:5 型 Re-Co 磁体，如 $SmCo_5$ 单相与多相合金，出现于 20 世纪 60 年代，通常称之为第一代稀土永磁；第二种是 2:17 型 Re-Co 磁体，如 Sm_2Co_{17} 基合金，出现于 20 世纪 70 年代，通常称之为第二代稀土永磁。80 年代初出现的 2:14:1 型 Nd-Fe-B 合金为代表的 Nd-Fe-B 系永磁材料，通常被称为第三代稀土永磁材料。

4. 纳米微晶稀土永磁材料

由于稀土永磁材料问世，使永磁材料的性能突飞猛进。稀土永磁材料已经历了 $SmCo_5$、Sm_2Co_{17} 以及 $Nd_2Fe_{14}B$ 等 3 个发展阶段。作为黏结永磁体原材料的快淬 NdFeB 磁粉，晶粒尺寸约为 20～50nm，是典型的纳米微晶稀土永磁材料。目前，研究方向是探索新型的稀土永磁材料，如 $ThMn_{12}$ 型化合物、$Sm_2Fe_{17}N$ 化合物等。另外，是研制纳米复合稀土永磁材料，通常软磁材料的饱和磁化强度高于永磁材料，而永磁材料的磁晶各向异性又远高于软磁材料，如将软磁材料相和永磁相在纳米尺度范围内进行复合，就有可能获得兼备高饱和磁化强度、高矫顽力两者优点的新型永磁材料。

5. 磁存储永磁材料

磁性材料作为磁记忆材料主要用于硬盘、软盘和磁带等记录媒介，磁记录的原理是利用磁矩的两个不同方向来进行记录的。要求材料具有硬磁性，而且，为了保证所存储的磁信息不致因普通外界条件而出现变化或消失，还要求材料有高的矫顽力。同时，为了将存储的信息读出时不需要太大的功率，又要求材料有高的剩余磁化强度，也就是说，要有较大的方形比—剩余磁化强度与饱和磁化强度的比。所以，用于磁记录的材料都是硬磁材料。常见的材料有铁及铁铂、钴铬等合金薄膜和氧化物陶瓷薄膜，如氧化铁、四氧化三铁和钡铁氧体等。

将电信号转变为磁信号进行存储，或者将记录的磁信号转变为电信号读出时需要使用磁头。用于磁头的材料，要求磁导率高、饱和磁通密度大，也就是说要采用软磁材料，同时还要求材料的电阻大、矫顽力小和磁损耗小，所以金属磁性材料难以用于磁头材料。常用的磁头材料有铁氧体氧化物，如锌锰铁氧体、镍锌铁氧体和软磁性合金材料，如铁铝合金、铁硅铝合金、镍铬合金、镍钼合金，以及铁—钴—镍—硅—硼系统非晶合金等。

在早期的磁记录媒介中，磁矩的方向是平行于盘面或带面的，这种方式称为纵向记录方式。当记录密度提高时，信息位的尺度越来越小，这样就引起了相邻信息位间的静磁相互作用。为了减小这种影响，磁层厚度要减小。为了保证有足够的信号幅度读出，介质和磁头间的距离（即飞行高度）要减小。目前，涂布层的厚度已减小到 $0.5\mu m$，采用金属连续膜介质，可以进一步减小磁层厚度至 $0.05\mu m$，但是进一步减小磁层厚度就会使磁层均匀性下降，噪声增加，误码率升高。

由于磁层厚度、磁头飞行高度和磁头缝长都不能无限减小，所以为了进一步提高磁记录密度必须另找途径。20 世纪 70 年代中期，日本学者提出了垂直磁记录的概念。采用垂直磁记录方式进行记录时，信息位间的相互作用很小，有可能在不减小磁层厚度条件下达到高密度磁记录。理论上预测，垂直记录存储密度将不低于磁光存储的存储密度。简单来说，垂直磁记录的原理是利用磁头磁场的垂直分量，在具有垂直各向异性的记录介质上写入信息，从而在介质上形成垂直于介质表面的小磁化区。在读出信息时，是利用介质记录区表面磁场的垂直分量去感应磁头线圈。垂直记录的磁头不同于纵向记录的磁头，它应该具有较大的垂直磁场，才能对垂直磁化的介质进行磁化，目前用于垂直磁记录的磁头已发展成了多种形式，主要的类型有辅助磁极励磁型磁头、主磁极励磁型，以及环形头等几种。

根据垂直磁记录的原理，用于垂直磁记录的介质，必须具有垂直各向异性。目前所能选择的材料是有限的，只有钴铬合金膜（以高磁导率铁镍膜为底层的铁镍—钴铬双层膜）和钡铁氧体膜等少数几种材料能用于垂直磁记录。制备方法主要采用溅射法、真空蒸发法和涂布法。

选择钴铬膜作为垂直记录介质是因为钴铬溅射膜由密集六角结构的微晶组成，晶粒是柱状的，严格沿着垂直于膜面方向生长，这样钴铬膜具有由磁晶各向异性引起的垂直膜面磁各向异性。此外，钴铬膜还具有大的磁化强度和窄的磁化反转过渡区。由于钴铬溅射膜和其他金属膜不耐磨，连续生产时产量低和成本高的问题，所以又推出了垂直记录颗粒涂布介质，以利用现有的制造磁粉磁带和磁盘的工艺。垂直晶粒颗粒涂布所采用的磁粉通常是具有六角晶体结构的钡铁氧体粉。经取向后，六角结构的 c 轴垂直于膜面。

垂直磁记录介质不仅用来制造硬盘、软盘，也可用于制造垂直磁记录的磁带。利用钡铁氧体制造的垂直记录磁带，其高频特性比传统的颗粒介质涂布的磁带优越，用这种磁带进行录像，由于记录密度高，同样一盘磁带，录放时间可以加大一倍。

提高磁存储的另一途径是采用磁泡存储。磁泡是在磁性薄膜中形成的一种圆柱形的磁畴。用磁泡做磁畴器件的设想是 1967 年由美国贝尔实验室的科学家提出来的，它的特点是无机械活动零件、可靠性高、体积小、质量轻，与半导体存储器相比，具有非易失性、抗辐射、耐恶劣环境、很少需要维修等优点。国外磁泡存储器已应用于军用微机、飞行记录器、终端机、电话交换机、数控机床、机器人等方面。特别是用做记录器的可靠性大为改善，因此解决了卫星、火箭发射和飞行过程中记录器易出故障的问题。

磁泡存储器是用特殊的磁性薄膜材料做成的，因此，要求磁性薄膜具有一定的特性，以便在一定偏置直流磁场作用下能形成数目多而且稳定的磁泡。一般来说，强磁性薄膜的厚度越小，自发磁化的方向越易沿膜面平行方向。但是，为数不多的某些晶体，即使是制成薄膜，仍然具有与膜面垂直的磁化方向，在施加一定的磁场时，会形成其磁化方向垂直于膜面的圆筒形磁畴（磁泡），这种磁泡的有无就成为记录的单位。为了使磁泡能稳定存在，要求材料沿膜面垂直方向的各向异性磁场高于由表面磁极引起的反向磁场。同时为了存取信息，要使磁泡在薄膜内移动或转移，所以磁壁的移动速度必须快。比较实用的磁泡存储器材料是石榴石（$R_3Fe_5O_{12}$）型铁氧体陶瓷材料，其中 R 为一种或几种稀土元素，Fe（铁）的一部分也可被其他三价或（四价 + 二价）元素取代，其磁学性能可以通过分别调节这两类元素的比例进行调整；其次有六角铁氧体材料和钆—钴系非晶合金。

目前已有泡径为 $1\mu m$ 左右的商品，并正在向亚微米级发展。如果材料的泡径为 $0.5 \sim 0.25\mu m$，则可制作容量为 $16 \sim 64MB/cm^2$ 的器件。泡径再小，因受制作技术的制约，很难再提高容量，因此人们认为磁泡器件的容量极限是 $64MB/cm^2$。

1983 年，日本学者提出了所谓布洛赫线存储器的设想，被称为第二代磁泡存储器。这种存储器用布洛赫线"对"做信息载体，因为它是存在于条形畴壁内，故所占面积比磁泡要小得多，极限密度可达 $1GB/cm^2$。布洛赫线存储器用的材料和磁泡存储器的材料基本相同，故单位成本大大降低，给磁泡型存储器的生存和发展带来了新的转机。但布洛赫线存储器所涉及的理论和技术问题比磁泡存储器都要难得多。一些发达国家的大公司对布洛赫线存储器的研究和开发十分重视，已有布洛赫线全功能芯片研制成功。20 世纪内可望研制成功256MB 的芯片。

三、软磁材料

软磁材料在工业中的应用始于 19 世纪末。随着电力工业及电信技术的兴起，开始使用低碳钢制造电机和变压器，在电话线路中的电感线圈的磁芯中使用了细小的铁粉、氧化铁、细铁丝等。到 20 世纪初，研制出了硅钢片代替低碳钢，提高了变压器的效率，降低了损耗。直至现在硅钢片在电力工业用软磁材料中仍居首位。随着无线电技术的兴起，促进了高导磁材料的发展，出现了坡莫合金及坡莫合金磁粉芯等。从 40 年代到 60 年代，是科学技术飞速发展的时期，雷达、电视广播、集成电路的发明等，对软磁材料的要求也更高，生产出了软磁合金薄带及软磁铁氧体材料。进入 70 年代，随着电信、自动控制、计算机等行业的发展，研制出了磁头用软磁合金，除了传统的晶态软磁合金外，又兴起了另一类材料——非晶态软磁合金。

1. 纯铁、铁合金和铁钴合金软磁材料

铁是最早应用的一种经典的软磁材料，直到今天还在一些特殊场合用到。工业纯铁为碳含量低于 0.04% 的 Fe－C 合金，包括电磁纯铁、电解铁和羰基铁，其饱和磁感应强度高、资源丰富、价格低廉，具有良好的可加工性。硅钢片是铁硅的合金，含硅 0.8%～4.5%，含硫小于 1%，其电阻率高，磁导率高，铁损小，磁性能稳定。硅钢片不能在高频磁场下工作，只能用于工频和音频，常用于电源变压器、音频变压器和铁心扼流圈等的铁心。纯铁中加入钴后，饱和磁感应强度明显提高，含钴 35% 的铁钴合金的饱和磁感应强度高达 2.45T，是迄今饱和磁感应强度最高的磁性材料。铁钴合金的磁感应强度高，在较强磁场下具有高的磁导率，适用于小型化、轻型化以及有较高要求的飞行器及仪器仪表元件的制备。此外，铁钴合金还用于制造磁铁极头和高级耳膜震动片等。由于铁钴合金的电阻率偏低，因而不适于高频场合的应用。合金中含有大量希贵金属元素钴，价格昂贵。

2. 坡莫合金（铁镍合金）

坡莫合金常指铁镍系合金，镍含量在 30%～90% 范围内，是应用非常广泛的软磁合金。通过适当的工艺，可以有效地控制磁性能，比如超过 10^5 的初始磁导率、超过 10^6 的最大磁导率、接近 0 的矩形系数，具有面心立方晶体结构的坡莫合金具有很好的塑性，可以加工成 $1\mu m$ 的超薄带及各种使用形态。常用的合金有 1J50、1J79、1J85 等。1J50 的饱和磁感应强度比硅钢稍低一些，但磁导率比硅钢高几十倍，铁损也比硅钢低 2～3 倍。做成较高频率（400～8000Hz）的变压器，空载电流小，适合制作 100W 以下小型较高频率变压器。1J79 具有好的综合性能，适用于高频低电压变压器，漏电保护开关铁芯、共模电感铁芯及电流互感器铁芯。1J85 的初始磁导率可达 10^5 以上，适合于作弱信号的低频或高频输入输出变压器、共模电感及高精度电流互感器等。

3. 非晶态及纳米晶软磁合金

硅钢和坡莫合金软磁材料都是晶态材料，原子在三维空间做规则排列，形成周期性的点阵结构，存在着晶粒、晶界、位错、间隙原子、磁晶各向异性等缺陷，对软磁性能不利。从磁性物理学上来说，原子不规则排列、不存在周期性和晶粒晶界的非晶态结构对获得优异软磁性能是十分理想的。非晶态金属与

合金是 20 世纪 70 年代问世的一个新型材料领域，它的制备技术完全不同于传统的方法，而是采用了冷却速度大约为每秒 100 万度的超急冷凝固技术，从钢液到薄带成品一次成型，比一般冷轧金属薄带制造工艺减少了许多中间工序，这种新工艺被人们称之为对传统冶金工艺的一项革命。由于超急冷凝固，合金凝固时原子来不及有序排列结晶，得到的固态合金是长程无序结构，没有晶态合金的晶粒、晶界存在，称之为非晶合金，被称为是冶金材料学的一项革命。这种非晶合金具有许多独特的性能，如优异的磁性、耐蚀性、耐磨性、高的强度、硬度和韧性，高的电阻率和机电耦合性能等。由于它的性能优异、工艺简单，从 80 年代开始成为国内外材料科学界的研究开发重点。目前美、日、德国已具有完善的生产规模，并且大量的非晶合金产品逐渐取代硅钢和坡莫合金及铁氧体涌向市场。我国自从 70 年代开始了非晶态合金的研究及开发工作，钢铁研究总院现具有 4 条非晶合金带材生产线、一条非晶合金元器件铁芯生产线，生产各种定型的铁基、铁镍基、钴基和纳米晶带材及铁芯，适用于逆变电源、开关电源、电源变压器、漏电保护器、电感器的铁芯元件，技术水平进入国际先进行列。

铁基纳米晶合金是由铁元素为主，加入少量的 Nb、Cu、Si、B 元素所构成的合金经快速凝固工艺所形成的一种非晶态材料，这种非晶态材料经热处理后可获得直径为 10 ~ 20nm 的微晶，弥散分布在非晶态的基体上，被称为微晶或纳米晶材料。纳米晶材料具有优异的综合磁性能：高饱和磁感（1.2T）、高初始磁导率（8×10^4H/m）、低 Hc（0.32A/m），高磁感下的高频损耗低，电阻率约为 $80\mu\Omega \cdot cm$，比坡莫合金（$50 ~ 60\mu\Omega \cdot cm$）高，是目前市场上综合性能最好的材料。适用频率范围：50Hz ~ 100kHz；最佳频率范围：20kHz ~ 50kHz。广泛应用于大功率开关电源、逆变电源、磁放大器、高频变压器、高频变换器、高频扼流圈铁芯、电流互感器铁芯、漏电保护开关、共模电感铁芯。

4. 软磁铁氧体

软磁铁氧体是以 Fe_2O_3 为主成分的亚铁磁性氧化物，采用粉末冶金方法生产。有 Mn – Zn、Cu – Zn、Ni – Zn 等几类，其中 Mn – Zn 铁氧体的产量和用量最大，Mn – Zn 铁氧体的电阻率低，为 1 ~ 10 欧姆·米，一般在 100kHZ 以下的频率使用。Cu – Zn、Ni – Zn 铁氧体的电阻率为 $10^2 ~ 10^4$ 欧姆·米，在100kHz ~ 10MHz 的无线电频段的损耗小，多用在无线电用天线线圈、无线电中频变压器。磁芯形状种类丰富，有 E、I、U、EC、ETD 形、方形（RM、EP、PQ）、罐形

（PC、RS、DS）及圆形等。在应用上很方便。由于软磁铁氧体不使用镍等稀缺材料也能得到高磁导率，粉末冶金方法又适宜于大批量生产，因此成本低；又因为是烧结物硬度大、对应力不敏感，在应用上很方便。而且磁导率随频率的变化特性稳定，在150kHz以下基本保持不变。随着软磁铁氧体的出现，磁粉芯的生产大大减少了，很多原来使用磁粉芯的地方均被软磁铁氧体所代替。

软磁铁氧体大致分为三类基本材料：电信用基本材料、宽带及EMI材料、功率型材料。电信铁氧体的磁导率从750～2300，具有低损耗因子、高品质因素、稳定的磁导率随温度、时间关系，是磁导率在工作中下降最慢的一种，约每10年下降3%～4%。广泛应用于高Q滤波器、调谐滤波器、负载线圈、阻抗匹配变压器、接近传感器。宽带铁氧体也就是常说的高导磁率铁氧体，磁导率分别有5000、10000、15000，其特性为具有低损耗因子、高磁导率、高阻抗频率特性。广泛应用于共模滤波器、饱和电感、电流互感器、漏电保护器、绝缘变压器、信号及脉冲变压器，在宽带变压器和EMI上多用。功率铁氧体具有高的饱和磁感应强度，为4000～5000Gs，另外具有低损耗/频率关系和低损耗/温度关系。也就是说，随频率增大、损耗上升不大；随温度提高、损耗变化不大。广泛应用于功率扼流圈、并列式滤波器、开关电源变压器、开关电源电感、功率因素校正电路。

四、其他新型磁性材料

1. 矩磁材料

矩磁材料是指磁滞回线近似矩形的磁性材料。材料的矩磁性主要来源于两个方面：晶粒取向和磁畴取向。对于磁晶各向异性不等于零的合金，通过高压下的冷轧和适当的热处理，使晶粒的易磁化轴整齐地排列在同一方向上，在这个方向磁化时即可获得高的矩磁比、高磁导率和低矫顽力。对于居里温度较高（约500℃）、磁晶各向异性常数和磁致伸缩系数接近零的合金，经磁场热处理可获得磁畴取向结构，沿磁场处理方向具有高的矩磁比和高磁导率。这类材料主要包括铁氧体磁芯材料和磁膜材料，主要用作信息记录、无接点开关、逻辑操作和信息放大等方面。

2. 旋磁材料

旋磁材料是具有旋磁性的材料。若沿材料的某一方向加一交变磁场，能够在X、Y、Z各方向都能产生磁化，产生磁感应强度，这个性质就是旋磁性。

旋磁材料基本上是铁氧体磁性材料，一般较微波铁氧体材料，具有独特的微波磁性，如磁导率的张量特性、法拉第旋转、共振吸收、场移、相移、双折射和自旋波等效应。据此设计的器件主要用作微波能量的传输和转换，常用的有隔离器、环行器、滤波器（固定式或电调式）、衰减器、相移器、调制器、开关、限幅器及延迟线等，还有尚在发展中的磁表面波和静磁波器件。常用的材料已形成系列，有 Ni 系、Mg 系、Li 系、YlG 系和 BiCaV 系等铁氧体材料，并可按器件的需要制成单晶、多晶、非晶或薄膜等不同的结构和形态。

3. 压磁材料

压磁材料就是具有压磁性的材料。这类材料的特点是在外加磁场作用下会发生机械形变，故又称磁致伸缩材料，它的功能是作磁声或磁力能量的转换。常见的压磁材料有：金属压磁材料、铁氧体压磁材料和正在兴起的非晶态合金压磁材料。金属压磁材料饱和磁化强度高，力学性能优良，可在大功率下使用。但电阻率低，不能用于高频，而铁氧体压磁材料与金属压磁材料正好相反，其电阻高，可用于高频，但饱和磁化强度低，力学强度也不高，不能用于大功率状态。非晶态合金压磁材料的综合性能较好。压磁材料常用于超声波发生器的振动头、通信机的机械滤波器和电脉冲信号延迟线等，与微波技术结合则可制作微声（或旋声）器件。由于合金材料的机械强度高，抗振而不炸裂，故振动头多用 Ni 系和 Ni - Co 系合金；在小信号下使用则多用 Ni 系和 Ni - Co 系铁氧体。非晶态合金中新出现的有较强压磁性的品种，适宜于制作延迟线。

4. 磁泡材料和磁光材料

磁泡实际上是圆柱形磁畴，在薄片磁性材料中，不加磁场，可以观察到条状磁畴。若这种磁畴在垂直于薄片方向的磁场作用下，会收缩成圆柱状，一动一动就像"水泡"一样。它把有、无表示为"1"和"0"，再加上其他电磁路系统，即可完成信息的存储与传输任务。磁泡通常用叫磁性石榴石的非金属磁性材料制成，如磁性石榴石单晶膜片就是其中的一种。另外，用非晶态磁性薄膜做磁泡，可以提高磁泡密度，强化对温度的稳定性，故它是一种较好的磁泡材料。

当电介质或磁介质与电磁波相互作用时，电磁波的偏振状态会发生变化，这个现象就叫磁光效应。可以发生这种磁光效应的磁性材料具有一定的磁化强度，透光性能好，矫顽力和转变温度适中。最早应用的磁光存储材料是 MnBi 系合金薄膜，这种材料的居里温度高，法拉第转角和克尔转角都不大，限制了其使用和发展，最具应用前景的新一代磁光记录介质是稀土铁石榴石薄膜。这种薄膜有大的磁光效应，法拉第转角和克尔转角都很大，因此可以产生大的读出信号，而且在近红波段透明性好，可以制作多层膜磁光盘。目前，它应用最大的困难是噪声问题，通过不断研究，有望得到解决。

5. 复合功能磁性材料

复合功能磁性材料就是指兼有磁有序和其他特殊物理性质，具有两种或两种以上功能的磁性材料。复合功能磁性材料由磁性材料的功能影射到其他材料功能范围，所以他对磁性材料的研究有着重要的意义，同时也为磁性材料的应用开拓了新的前景，主要研究开发的复合功能磁性材料有：

（1）磁电材料。如 $Cr2O_3$、$GaFeO_3$，它有明显的磁电效应，在外磁场（或电场）作用下能同时产生磁化强度和电极化强度，可用来制造磁控或电控器件。

（2）铁磁—电材料。同时具有铁磁性和铁电性，如用溅射方法制成的 $BiFeO_3$ 等非晶膜，经退火处理便可获得弱铁电—铁磁材料或反铁电—铁磁材料。由于具有高的电导率和电容率，可制造微小型电磁器件。

（3）有机强磁材料，完全由氢原子构成，是具有强磁性的有机材料，如聚三氨基苯和聚丁二炔基复合材料，在一定温度下具有弱铁磁性。

（4）导磁有序材料，如 Gd – Ba – Cu – O 系材料，在超低温下，显示超导电性和磁有序的性能。

第八章 新型生物医药材料

一、生物医药材料概述

随着化学工业的发展和医学科学的进步，生物医用药用功能材料的应用愈来愈广泛，从高分子医疗器械到具有人体功能的人工器官，从整形材料到现代医疗仪器设备，几乎涉及医学的各个领域，都有使用医用高分子材料的例子。所用的材料种类已由最初的几种，发展到现在的几十种，其制品种类已有上千种。生物医用药用功能材料即医药用仿生材料，又称为生物医药材料，这类材料是用于与生命系统接触并发生相互作用，能够对细胞、组织和器官进行诊断治疗、替换修复或诱导再生的天然或人工合成的特殊功能材料。

目前，生物医用药用功能材料应用很广泛，几乎涉及医学的各个领域，按其应用大体可分为不直接与人体接触的、与人体组织接触的和进入人体内的三大类。与人体接触的和进入人体内的材料虽然是一小部分，但它决定了最近数十年来医学上的许多成就。它们中的绝大多数属功能高分子范畴，有的具有人体组织或器官的某些功能；有的利用其物理、化学性能阻止或疏通某些功能障碍，使之恢复其正常功能；有的只作为医疗器械使用，由于它与人体表面或体内或长或短时间的接触，对其生物学性能仍有一定的要求。

生物医用药用功能材料从原料、助剂、材料合成到制品结构设计加工，从生物学性能的检验到临床验证，涉及的专业和学科很多。生物医用药用功能材料作为一门边缘学科，结合了化学、物理、生物化学、合成材料工艺学、病理学、药理学、解剖学以及临床医学等多方面的知识，涉及许多工程学的问题。这些学科相互渗透、相互交融，促使生物医用药用功能材料的品种日益丰富，性能逐渐完善，功能日益齐全。

1. 生物医药材料的基本性能要求

生物医药材料在使用的过程中常常与生物肌体、体液、血液等相接触，有些还长期在体内放置，因此要求其性能较为出色。生物医药材料的要求比普通工业用材料的要求要高得多，尤其对植入性材料的要求更甚。对于在人体内应用的生物医药材料一般要求如下：

（1）化学性能稳定，对人体的血液、体液等无影响，不形成血栓等不良现象。

（2）材料与人体的组织相容性良好，不会引起炎症或其他排异反应。一些含有对人体有毒有害的基团是不能用作生物医药材料的，有些添加剂对人体有害或有些残留单体对人体有不良影响，都应引起极度的警惕。有些添加剂会随时间的变化，而从材料内部逐渐迁移到表面与体液及组织发生作用，引起各种急性和慢性的反应。

（3）无致癌性，耐生物老化，长期放置体内的材料其物理机械性能不发生明显变化。生物医药材料植入人体时，应考虑材料的物理性质和化学性质，另外还应考虑其形状因素。引起癌变的因素是多方面的，有化学因素、物理因素以及病毒，等等。

（4）不因高压蒸煮、干燥灭菌、药液等消毒措施而发生质变，生物医药材料在植入人体内之前都必须经过严格的消毒处理。

除上述一般要求外，根据用途的不同和植入部位的不同还有各自的特殊要求，与血液接触不得产生凝血，眼科材料应对角膜无刺激。注射整形材料要求注射前流动性好，注射后固化要快，等等。作为体外使用的材料，要求对皮肤无害，不导致皮肤过敏，耐汗水等浸蚀，耐消毒而不变质。人工脏器还要求材料应具有良好的加工性能，易于加工成需要的各种复杂的形状。

2. 生物医药材料的生物相容性

生物相容性是指材料在特定的生理环境中引起的宿主反应和产生有效作用的综合能力。材料与机体组织相互作用，生物活体对材料系统的反应称为宿主反应，主要有过敏、致癌、致畸形以及局部组织反应、全身毒性反应和适应性反应，等等。生物相容性主要包括血液相容性以及组织相容性。生物材料在与人体组织接触时会产生有损肌体的宿主反应和有损材料性能的材料反应，在生物体方面往往出现毒性反应、炎症和形成血栓，等等。这就要求所生产的生物材料在生理环境中具有生物相容性，这是生物医药材料区别于其他材料最基本的特征。材料所引起的宿主反应应能够控制在一定的可以接受的水平，同时材料反应应控制在不至于使材料本身发生破坏。

血液相容性主要是指生物医药材料与血液接触时，不引起凝血及血小板黏着凝聚，不产生破坏血液中有形成分的溶血现象，即溶血和凝血。医用材料与体液、血液的接触主要是在材料的表面，所以在考虑机械性能之外，在材料表面结构的合成与设计中，应考虑材料的抗凝血性，该工作主要包括惰性表面、亲水性表面、亲水—疏水微相分离结构表面及其表面修饰。表面修饰除了化学官能团修饰，还应有溶解或分解血栓的线熔体、透明质酸等生理活性物质的固定。用来改善材料的亲水性的单体有丙烯酰胺及其衍生物、甲基丙烯酸-β-羟乙酯，等等。在侧链上具有寡聚乙二醇的丙烯酸酯类可以防止血浆蛋白的沉积，负电荷型聚离子复合物能有效地降低血小板的黏着和凝聚。

组织相容性是指活体与材料接触时，材料不发生钙沉积附着，组织不发生排拒反应。组织相容性也是基于亲水性、疏水性以及微相分离的高分子的表面修饰，特别是细胞黏附增殖材料更为引人注目。材料与组织能浑然成为一体是当今组织相容性研究的热点课题。对于细胞培养来说，黏附增殖是我们所期望的。但在组织相容性中材料的黏附增殖还有另外的意义，如白内障手术后植入的人工晶体应是组织相容而又能排斥纤维细胞在晶面上的黏附增殖，以避免白内障复发。硅橡胶（聚二甲基硅氧烷）是使用得最多的组织相容性材料，常常用作导管、填充材料等，但在长期动态下使用时，会引起异物反应机械性能仍不能满足要求。

研究评价生物相容性标准与标准方法一直是生物医药材料研究的重要组成部分，临床使用前对生物医药材料进行严格的测试与评价以确保生物医药材料的临床使用的安全性是十分必要的。

二、生物医用材料

迄今为止人们研究过的医用功能材料已有1000多种，在临床上广泛应用的也有几十种，涉及材料学科的各个领域。根据材料的属性，它可以分为以下几类：医用金属材料；医用无机非金属材料或称为医用陶瓷；医用高分子材料；医用复合材料。

1. 医用金属材料

医用金属材料是用作医学材料的金属或合金。医用金属材料一般具有较高的机械强度和抗疲劳性能，是临床应用最广泛的植入材料。很早以前金属材料就在临床上有所应用，最初的医用金属材料是金属板和针，用于固定骨折。20世纪40年代，医用金属材料应用已经非常普遍，主要用于骨和牙等硬组织的修复和替换，如人工关节、人工骨及各种内外固定器械，还参与制作血管扩张器、人工气管、生殖避孕器材及各种外科辅助器件。最先广泛用于临床治疗的金属是金、银、铂等贵重金属，它们具有良好的稳定性和加工性能。之后，铜、铅、镁、铁和钢等曾用于临床实验，但因耐腐蚀性、生物相容性较差以及力学性能偏低未受到广泛应用。随着冶金技术的进步，不锈钢逐渐应用于临床，虽然抗腐蚀性并不十分理想，但易加工，价格低廉，是目前应用最广的金属材料。现已用于临床的医用金属材料还有钴基合金和钛基合金、形状记忆合金、贵金属以及纯金属钽、铌、锆，等等。其中钛被称为"亲生物金属"，它强度大，密度与人骨相近，又不受人体组织液腐蚀，适用于人体，在医学上有特殊用途。用钛代替或修补骨骼损失，新骨骼和肌肉可以在钛上生长，形成的钛骨犹如真骨。钛制的头盖骨、肘骨已用于临床，利用钛镍合金的形状记忆特性，可疏通血管或胆道阻塞。目前，国内外正开展在金属表面的生物相容性、硬度、耐磨性和耐腐蚀性等的研究工作。

最典型的医用金属材料是骨科植入物，像人工髋关节和膝关节，以及骨钉，等等。对于这些结构性的应用，最主要的材料是不锈钢、钴基合金、各级纯钛和钛合金，等等。

（1）不锈钢。

不锈钢用于制作植入物最多，这不仅是其价格便宜，易于通过常规技术成型，而且因为它的力学性能在较大的范围内是可控的，能提供最佳的强度和韧性。但是在体内长时间使用，不锈钢的耐腐蚀性不够。不锈钢最适用于制作短期的骨折处理装置，如螺钉、骨板、髓内钉以及其他一些临时固定器械。以前，人工髋关节主要是由不锈钢制作的。现在，这些长期植入物一般选用钴铬钼合金或钛合金。为提高不锈钢的抗缝隙腐蚀能力，不锈钢植入物在包装和灭菌之前，需用硝酸钝化处理。用于植入物的不锈钢金相为奥氏体组织，因而具有良好的成型性。真空冶炼能帮助改善合金的疲劳性能，冷加工能增加强度和抗疲劳性。

（2）钴铬钼合金。

钴铬钼合金因其良好的耐腐蚀性和优异的力学性能而成为重要的医用金属材料，其最常用的是铸造钴基合金，但变形（锻造）合金的发展也很快。钴铬合金的冶金学与钴基高温合金相同，它们由元素的固溶和碳化物的形成而强化。对于锻造合金，冷加工亦使材料强化。屈服强度随晶粒尺寸而变化，并受加工过程中冷加工的影响。用于髋关节这类结构性应用的此类合金，为达到最佳性能而最好采用锻造。但是钴铬合金难以用机械加工，精锻虽能减少机械加工，但是闭合模锻件仍比铸件的机械加工量大，结果造成钴铬合金植入物多数仍是铸造的。铸件有时存在疏松和气孔，但可以由改进模具设计并通过铸造后的热等静压处理来控制。

（3）钛及其合金。

纯钛的生物相容性相当好，纯钛以及钛合金的植入物很少或几乎不与其周围的组织反应。钛的耐腐蚀性是由于其表面形成一层氧化膜，这层氧化膜若受到损坏，可以在体温和人体组织液的条件下再生。Ti－6Al－4V 具有最佳的结构性植入物的综合性能。这种合金比纯钛有更高的极限强度和屈服强度，兼具良好的韧性。它一般是由锻造得到，但也可以铸造。另外，Ti－6Al－4V 能通过控制成分，调整加工参数使其强化。通过适当的加工过程，其疲劳寿命可增加一倍。近来，Ti－6Al－17Nb 新合金开始在欧洲应用，该合金元素对人体无毒性，且强度较 Ti－6Al－4V 高 10%，被认为是制作永久性植入物的理想材料。

2. 医用陶瓷

医用陶瓷是陶瓷材料的一个重要分支，是用于生物医学及生物化工中的各种陶瓷材料，其总产值约占特种陶瓷的 5%。目前，有 40 余种生物陶瓷材料在医学、整形外科方面制成了 50 余种复制和代用品。

陶瓷植入体内不被排斥，具有优良的生物相容性和化学稳定性，不会被体液腐蚀，自身也不老化。为了使植入材料的物理化学性质与被替代的组织相匹配，生物陶瓷中的复合材料便应运而生，且发展迅速。医用陶瓷主要是用于人体硬组织修复和重建的陶瓷材料，与传统的陶瓷材料不同，它不单指多晶体，而且包括单晶体、非晶体生物玻璃和微晶玻璃、涂层材料、梯度材料、无机与金属的复合等材料。它不是药物，但它可作为药物的缓释载体，它们的生物相容性和磁性或放射性，能有效地治疗肿瘤。在临床上已用于髋、膝关节，人造牙根，牙嵴增高和加固，心脏瓣膜，中耳听骨，等等。

应用于临床的医用陶瓷必须是安全无毒的，根据它们与组织的效应，分为三类：①惰性陶瓷，在生物体内与组织几乎不发生反应或反应很小，例如氧化铝陶瓷和蓝宝石，氧化锆陶瓷，氮化硅陶瓷等。②活性陶瓷，在生理环境下与组织界面发生作用，形成化学键结合。如羟基磷灰石等陶瓷及生物活性玻璃，生物活性微晶玻璃。③可被吸收的陶瓷，这类陶瓷在生物体内逐渐降解，被骨组织吸收，是一种骨的重建材料，例如磷酸三钙等。医用陶瓷是用于人体从脚趾到头盖骨的骨骼硬组织修复的重要原料，并且还可用作原位杀死受癌细胞伤害的组织，不用手术达到组织康复。医用陶瓷对于骨骼修复和重建，是不可缺少的材料。但是生物陶瓷材料研究较之其他陶瓷材料，需要更为广泛的基础和合作，除本身的物理、化学性能之外，还必须经过生物安全测试、形态设计和临床应用研究后，才能进入产业化。

3．医用高分子材料

按照功能分类，医用高分子材料主要应用于人造器官和治疗用材料。第一类能长期植入体内，完全或部分替代组织或脏器的功能，如人工食道、人工关节、人工血管，等等。第二类是整容修复材料，这些材料不具备特殊的生理功能，但能修复人体的残缺部分，如假肢，等等。第三类是功能比较单一，部分替代人体功能的人工脏器，如人造肝脏，这些材料的功能尚有待进一步多样化。第四类是体外使用的较大型的人工脏器，可以在手术过程中部分替代人体脏器的功能。另外，还有一些性能极为复杂的脏器的研究，这些研究一旦成功将引起现代医学的重大飞跃。

（1）高分子人造器官。

主要包括人造心脏、人造肺、人造肾脏等内脏器官；人造血管、人造骨骼等体内器官；人造假肢等。由于这些人造器官需要长时间与人体细胞、体液和血液接触，因此需要该类材料除了具备特殊的功能外，还要求材料安全、无毒，稳定性良好，具备良好的生物相容性。大多数的高分子本身对生物体并无毒副作用，不产生不良影响，毒副作用往往来自高分子生产时加入的添加剂，如抗氧剂、增塑剂、催化剂以及聚合不完全产生的低分子聚合物，因此对材料的添加剂需要仔细选择，对高分子人造器官应进行生物体测定，人造器官在使用前的灭菌也是重要的一个环节。另外，人造器官在使用条件下材料不能发生水解、降解和氧化反应，等等。

（2）高分子治疗材料。

用于治疗用的功能高分子材料主要包括牙科用材料、眼科用材料以及美容用材料和外用治疗用材料。对这种材料的基本要求也是稳定性和相容性好，无毒副作用，其次才是机械性能和使用性能。

4. 医用复合材料

医用复合材料是由两种或两种以上不同材料复合而成的生物医学材料。不同于一般的复合材料，医用复合材料除应具有预期的物理化学性质以外，还必须满足生物相容性的要求。为此，不仅要求组分材料自身必须满足生物相容性的要求，而且复合之后不允许出现有损材料生物学性能的性质。人和动物体中绝大多数组织均可视为复合材料。在人工骨中，其头部的材料经常是陶瓷的，其杆部为钴合金，结合的臼窝则为高密度聚乙烯。复合材料由基体材料（高分子基、陶瓷基、金属基等）和增强剂或填料（纤维增强、颗粒增强、相变增韧、生物活性物质填充等）复合而成。医用高分子材料，医用金属和合金以及医用陶瓷均可既作为基材，又可作为增强剂或填料，它们互相搭配或组合形成了大量性质各异的医用复合材料，如全世界几乎每十人中就有一人患关节炎，目前各种药物对关节炎还不能根治，最理想的办法就是像调换机器上的零件那样，用人造关节将人体上患病的关节换下来。用金属做骨架，再在外面包覆超高分子量聚乙烯，不仅能跟骨骼牢固地连接在一起，而且弹性适中，耐磨性好，有自润滑作用，有类似于软骨的特性，植入效果非常好。

医学领域长期以来广泛使用的金属，有机高分子等生物医学材料，其成分与自然骨不同，作为骨替代材料、骨缺损填补材料，其生物相容性、人体适应性以及与自然骨之间的力学相容性尚不能令人满意。近年来，羟基磷灰石（HAP）因其组成成分，结构性质与人骨组织中的无机质一致，以及良好的生物学特性（生物相容性、骨引导作用、可与自然骨键合）而成为极其活跃的研究领域。但这种材料也存在一些不足，例如不具骨诱导活性、脆性大、聚形较差等缺点。制备具有生物相容性、力学相容性以及生物活性的硬、软组织材料是当今国际生物材料研究中的前沿性课题，磷灰石组成的复合材料已向此类人体组织材料迈出了重要一步。HAP复合材料属于第二代医用生物材料，它模仿自然骨的结构和功能，具有HAP的生物活性，有特殊的医用价值。

5. 医用控制释放材料

控制释放是指药物以恒定速度在一定时间内从材料中释放的过程。控制释放可使药物在血液中保持对疾病治疗所需的最低浓度，避免常规给药中药物浓度偏高或偏低现象发生，解决了药物浓度过高时药物中毒、偏低时治疗无效的问题。靶向制剂则可将药物直接送到目标部位，满足了患病部位的药量需求，减少了用药量，降低了药物的毒副作用强度。靶向药物的导向机制是利用药物对某些基团的识别能力、药物颗粒大小以及磁性导向的性质，将药物送到靶位（患病部位）的。

三、生物高分子药用材料

目前高分子药物的研究尚处于初始阶段，对它们的作用机理尚不十分明确，应用也不十分广泛，但高分子药物具有高效、缓释、长效低毒等优点，与血液和生物体的相容性良好。另外，还可以通过单体的选择和共聚组分的变化调节药物释放的速率，达到提高药物活性，降低毒性和副作用的目的。合成高分子药物的出现大大丰富了药物的品种，改进了传统药物的一些不足之处，为人类战胜某些严重疾病提供了新的手段。

高分子药物的种类很多，其分类也有很多方法。有人按照水溶性将高分子药物分为水溶性高分子药物和不溶性高分子药物，也有人将药用高分子材料按照应用性质的不同可分为药用辅助材料和高分子药物两类。药用辅助高分子材料是指在加工时所用的和为改善药物使用性能而采用的高分子材料，如稀释剂、润滑剂、胶囊壳等，它们只在药品的制造过程中起到从属或辅助作用，其本身并不起到药理作用。高分子药物是在聚合物分子链上引入药理活性基团或高分子本身能够起到药理作用，能够与肌体发生反应，产生医疗或预防效果。

高分子药物按照功能进行分类可以分为三大类：①具有药理活性的高分子药物，这类药物只有整个高分子链才显示出医药活性，它们相应的低分子模型化合物一般并无药理作用。②高分子载体药物，大多为低分子的药物，以化学方式连接在高分子的长链上。③微胶囊化的低分子药物，它是以高分子材料为可控释放膜，将具有药理活性的低分子药物包裹在高分子中，从而提高药物的治疗效果。

1. 聚合型药理活性高分子药物

聚合物型药物是指某些在体内可以发挥药效的聚合物，主要包括葡萄糖、维生素衍生物和离子交换树脂类。主要应用于人造血液、人造血浆、抗癌症高分子药物以及用于心血管疾病的高分子药物如抗血栓、抗凝血药物，另外还有抗病毒、抗菌高分子药物。聚合型药理活性高分子药物是真正意义上的高分子药物，它本身具有与人体生理组织作用的物理、化学性质，可以克服肌体的生物障碍促使人体康复。药理活性的高分子药物的应用已经有很长的历史，激素、酶制剂、阿胶、葡萄糖等都是天然的高分子药理活性的高分子药物，但人工合成的高分子药物开发时间并不长，其主要研究工作目前集中在：对于已经用于临床的高分子药物的作用机理的研究，新型药理活性的聚合物的开发，以及根据已有低分子药物的功能，设计保留其药理作用，而又克服其副作用的药理活性高分子药物。近年来，合成药理活性的高分子药物的研究进展很快，已有相当数量的产品进入了临床应用。

2. 高分子为载体的药物

多数药物的药效是以小分子的形式发挥作用，将具有药理活性的小分子聚合在高分子的骨架上，从而控制药物缓慢释放，药效持久，可制备长效制剂，延长药物在体内的作用时间，保持药物在体内的浓度。通过适宜的方法延缓药物在体内的吸收、分解、代谢和排出的过程，从而达到延长药物作用时间的目的的制剂称为长效制剂。长效制剂的研究目前集中在以下几个方面：

（1）减小药物有效成分的溶出速度。

其方法有：①与高分子反应生成难溶性复合物，高分子化合物可以是天然的也可以是合成的。比如聚丙烯酸、多糖醛酸衍生物等可以和链霉素等合成难溶盐。②用高分子胶体包裹药物，胶体可以用亲水性聚合物制备，由于高分子胶体的存在，减缓了药物的溶出速度。通常采用的亲水性胶体有甲基纤维素、羟甲基纤维素、羟丙基甲基纤维素，等等。③将药物制成溶解度小的盐或酯，如青霉素 G 和普鲁卡因成盐后，作用时间可延长。

（2）减小药物的释放速度。

使用半透性或难溶性高分子材料将小分子药物包裹起来，由半透膜或难溶膜控制释放速度的研究日益广泛。将药物与可溶胀聚合物混合，制成高分子骨架片剂，其释放速度受到骨架片中微型孔道构型的限制。前者可以对片剂、颗粒进行包衣，制成胶囊或微胶囊。

3. 高分子微胶囊技术

使用微胶囊技术制备长效制剂是另外一种较为先进的延长药效的方法，使用半透性聚合物作为微囊膜，可利用其控制透过性控制药物的释放速度。可用作微胶囊膜的材料很多，但在实际应用中应考虑芯材的物理、化学性质，如亲水性、溶解性，等等。作为微胶囊的材料一般应具备的条件为：无毒；不致癌；不与药物发生化学反应而改变药物的性质；能在人体中溶解或水解，从而使药物渗透释放。目前已实际应用的高分子材料中有：天然的骨胶、明胶、阿拉伯树胶、琼脂、鹿角菜胶、葡聚糖硫酸盐等；半合成的高聚物有乙基纤维素、硝基纤维素、羟甲基纤维素、醋酸纤维素等；合成的高聚物有聚乳酸、甲基丙烯酸甲酯与甲基丙烯酸 – β – 羟乙酯的共聚物等。

药物微胶囊的研究是在 20 世纪 70 年代开始的，利用特种高分子材料将低分子药物包埋，使低分子药物能够缓慢地释放，同时这些表面包埋用材料在体内缓慢分解，产物被排出体外。微胶囊化的高分子药物具有缓释作用，除掩盖药物的刺激性味道之外，还可以增加药物稳定作用、降低毒性以及通过渗透、逐渐破裂等作用以达到指定部位释放等功能。将避孕药物制成微胶囊，药物可以按照需要均匀释放，延长了药物的有效期限，而且药物不会对人体的其他部位造成影响。美国研制的一种没有代谢障碍和全身副作用的微胶囊，有效期长达三年之久。用聚乳酸做微胶囊材料包埋抗癌药物丝裂霉素 C，以患肉瘤和乳腺癌的老鼠为实验对象，一次给药量为 20mg/kg 体重，十天给药一次，癌细胞抑制率达 85%，而未采用微胶囊给药的 75% 死亡。可见微胶囊药物的缓释性使得毒性降低，疗效增加。用甲基丙烯酸甲酯—甲基丙烯酸—β羟乙酯共聚物包埋四环素，在四个月内药物释放速度可达零级释放，即释放速率恒定为常数，与包埋浓度无关。采用溶剂蒸发法研制的以乙基纤维素、羟丙基甲基纤维素苯二甲酸酯等为壁膜材料的维生素 C 微胶囊，达到了延缓 Vc 氧化变黄的效果。维生素 C 分子中含有相邻的二烯醇结构，易在空气中氧化变黄，特别是在与多种维生素或微量元素复合时就更为明显。将这种微胶囊与普通 Vc 同时放置在空气中一个月，普通药物吸湿黏结，色泽棕黄，而微胶囊药物则保持干燥。同时这种微胶囊 Vc 在体内两小时即可完全溶解。微胶囊技术在固定化酶制备中有明显的优越性。过去酶固定化的技术是将酶包裹与胶冻中或通过活性基团以共价键的形式与载体连接。这些方法将导致酶的活性降低，而采用微胶囊技术后，酶被包埋在微胶囊中，不会引起活性的变化，使效力提高。

4. 高分子药物送达体系

所谓高分子药物送达体系就是指将药物活性物质与天然或合成高分子载体结合或复合投施后在不降低原来药效并抑制原药物副作用的前提下，以适当的浓度导向集中到患病的部位，并持续一定的时间，以充分发挥原来药物疗效的体系。将作用分子有选择地、有效地集中到目标部位，以适当的速度和方式控制释放的原理，都可以广泛地拓宽应用，如农药中的杀虫剂、害虫引诱剂、生长剂以及肥料、香料、洗涤剂等，因而是药剂学的一场革命。

药物释放体系大体可以分为时间控制和部位控制两种类型。

时间控制释放体系有两种形式：即零级释放和脉冲释放。前者是单位时间的恒量释放，后者是对环境的响应而导致的释放，不是恒量的。对零级释放的高分子，用胶囊或微胶囊时，除了要有生物相容性外，药物对高分子膜的渗透性也非常重要。聚丙交酯、聚乙交酯或其共聚物膜的透过性不很理想，多用聚几内酰胺共聚或嵌段来改性。对崩解型释放体系，即用降解性高分子与药物共混时，基体高分子的溶解或降解速度决定了药物的释放速度，所以，对于非酶促降解聚合物的亲水性是控制药物释放速度的主要因素，通常芳香族聚酯比脂肪族聚酯的降解速度慢数千倍。聚酸酐比聚酯的亲水性好，将羧基引入聚羧基酸时，可以增加聚乳酸的亲水性，也引入了可进一步修饰的活性功能基团，因此可以通过开发亲水性单体，调节它们在共聚物中的含量来调节水解速度。对于脉冲性释放体系，近年来研究得较多的有聚 N—烷基代丙烯酰胺。根据这类聚合物相变温度的依赖性，可以在病人体温偏高时，按照需要释放药物。另外，还有利用化学物质的敏感性引致聚合物相变或构象的改变来释放药物的物质响应型释放体系。

部位释放型送达体系一般由药物、载体、特定部位识别分子即制导部位所构成。要求抗原性低、生物相容性好，同时还要求药物活性部分在发挥药理活性前不分解，能够高效地在目标部位浓缩，最好能被细胞所吞噬，然后通过溶菌体被分解释放。这类释放体系又称为亲和药物，适合于癌症患者的化学疗法。在这一体系中，载体、分子制导基团、药理活性基团等固定化设计较为关键，多采用生物降解吸收性高分子作为载体。

目前还有将部位控制释放功能和时间控制释放功能结合起来，使药物在指定部位、指定时间、以指定的剂量释放的体系称之为智能型药物释放体系。智能型释放体系主要有糖尿病患者使用的胰岛素的智能释放药物，它是利用含有叔氨基的高分子膜包埋人工胰岛素而制成。当病人发病时，血糖浓度升高致使葡萄糖氧化酶氧化葡萄糖所生成的葡萄糖酸或过氧化物 H_2O_2 浓度上升，高分子膜被质子化而溶胀，包埋于高分子膜内的胰岛素就按照需要释放出来。近年来，对多肽药物的研究也较有成果，多肽药物对许多疾病都有疗效，而多肽药物的活性易受到光、热、试剂等作用而失活。因此，研究多肽体系的释放和控制多肽药物释放的体系已日益成为受人瞩目的课题。

第九章 材料的生态环境问题

一、生态环境材料概述

地球是人类赖以生存的共同家园，保护资源、保护环境是全人类的共同使命。人口膨胀、资源短缺和环境恶化是当今人类社会面临的三大问题。生态环境材料的概念最早是由日本科学家和工程师在 1990 年提出来的，但是直到目前，关于生态环境材料尚没有一个为广大学者共同接受的定义，在不同国家、不同领域也存在不同的名称。在欧美国家一般称为环境友好材料、环境兼容性材料；在中国和日本等国则称为生态环境材料、绿色材料、生态材料、环境材料、环境相容性材料等。1998 年，由国家科技部、国家"863"领域高新技术新材料领域专家委员会、国家自然科学基金委员会等单位联合组织在北京召开的中国生态环境材料研究战略研讨会上，专家们建议统一称为"生态环境材料"，并给出了一个基本定义，即：生态环境材料是指同时具有满意的使用性能和优良的环境协调性，或者是能够改善和修复环境的材料。所谓环境协调性是指对资源和能源消耗少、环境污染小和循环再生利用率高。

从定义可见，生态环境材料对资源和能源消耗少、对生态和环境污染小、再生利用率高或可降解化和可循环利用，而且要求从材料制造、使用、废弃直至再生利用的整个寿命周期中，都必须具有与环境的协调共存性。因此，生态环境材料实际上是赋予传统结构材料、功能材料以特别优异的环境协调性的材料，它是由材料工作者在环境意识指导下，或开发新型材料，或改进、改造传统材料所获得的。之所以强调它并非仅特指新开发的新型材料，是因为实际上任何一种材料只要经过改造达到节约资源并与环境协调共存的要求，它就应视为生态环境材料。这种定义、概念有助于调动更广大的材料工作者的积极性，鼓励和支持他们结合本职工作，对量大面广的材料产品进行生产技术改革，实现节能、降耗和治理污染的目的。生态环境材料与量大面广的传统材料不可分离，通过对现有传统工艺流程的改进和创新，以实现材料生产、使用和回收的环境协调性，是生态环境材料发展的重要内容。同时，要大力提倡和积极支持开发新型的生态环境材料，取代那些资源和能源消耗高、污染严重的传统材料。还应该指出，从发展的观点看，生态环境材料是可持续发展的，应贯穿于人类开发、制造和使用材料的整个历史过程。其实生态环境材料是材料发展的必然结果，其概念是发展的，也是相对的，还需进一步研究和探讨。

1. 生态环境材料的研究内容

国际上的材料科学技术工作者对生态环境材料研究已给予高度重视。20 世纪 90 年代以来，围绕生态环境材料这一主题，国际上开展了广泛的研究，各发达国家多次召开国际性的研讨会，探讨材料与地球环境协调问题。英国、法国、荷兰的一些公司，分别开发了环境协调性（LCA）计算机软件和相关的数据库。国际上生态环境材料的研究，已不局限于理论上的研究，众多的材料科学工作者在研究具有净化环境、防止污染、替代有害物质、减少废弃物、利用自然能、材料的再生循环利用及固体废弃物的资源化等方面做了大量的工作，并已取得了重要进展。生态环境材料及与之相关的材料环境协调性评估系统（MLCA）及环境协调性产品（ECP）已为许多国家的政府官员、科学家和生产厂家所认识，并大力促进研究和产业的发展。

在我国，目前和未来的相当一段时期内，生态环境材料的研究应分为几个层面，主要有：①全民特别是材料界的观念意识改变（如宣传和教育问题）；②宏观上的国家行为（如立法、立规等问题）；③国家就有关生态环境材料的科学计划问题（包括基础研究、高技术研究、攻关等科技和经济发展计划，都需支持生态环境材料的发展）在教育、学科建设等方面，要培养交叉学科人才；④建立相应的组织和学术团体，加强生态环境材料方面的交流合作等。

2. 材料的环境负荷评价方法和标准的建立

生态环境材料不仅是一个具体的材料研究与开发的问题，也是一个材料科学与工程学领域的问题，它的研究与开发涉及自然科学与社会科学问题，涉及多学科知识基础问题，涉及对一代一代材料工作者的资源、环境观念和意识的教育与培养问题等。因此，要求对这一新概念、新领域开展深入的基础研究，使其成为指导生态环境材料研究开发及发展相关技术的基础。

开展对材料、产品及其生产、制备、使用直到废弃整个寿命周期或某个环节的环境负荷评估研究，是改造乃至淘汰该材料、产品或生产工艺的基础性工作，是世界各国研究的热点。但是，国际上关于环境负荷评价方法（LCA）及应用尚有许多局限性，关于 LCA 的数学物理方法，关于材料的环境负荷的表征及其量化指标，关于 LCA 的评价范围及生态循环的编目分析，关于材料生产和使用过程中的环境影响评估、环境改善等还有许多基础性研究工作要做。同时，根据 ISO 14000 标准中第五部分关于 LCA 的讨论稿，开展环境协调性评估的示范性研究，选择有代表性的一些材料，从其生产、制备工艺（包括原材料的采集、提取、材料的制备、制品的生产）、运输等方面进行资料收集、分析和跟踪；获取材料性能，工艺网络，材料流向，能源消耗，废弃物的产生、种类、数量和去向等基本数据；研究其环境负荷的表征及评价方法，给出各工艺和使用环节对环境的影响以及再生的资源核算体系。对加强生态环境材料的基础理论研究，开发新的生态环境材料具有重要的指导意义。

通过对 LCA 评价方法的学习和示范性研究，为制定材料的环境负荷评估标准提供基本数据和范例。研究材料的环境负荷评价标准，推动 ISO 14000 标准化进程，也是中国材料科学工作者努力的目标。由于各国的地理、资源、工业结构、技术水平间存在很大差异，因而研究中国自己的基础数据库和开发相应的软件成为我们的重要研究内容和主要研究方向之一。国家"863"计划中已立项研究，建立金属材料、无机非金属材料、高分子材料中典型材料的环境负荷的基础数据库，并开发相应的软件。通过建立泛环境函数，引入材料的环境负荷概念和双指标体系，提出具体的评价方法和模型。通过国家"863"计划等支持，建立中国的材料环境协调性评价中心 CCMLCA，对社会开放服务。

3. 材料的环境协调性评价方法及其应用

LCA 的研究与应用不仅依赖于标准的制定，更主要地依赖于评估数据与结果的积累。在绝大多数的 LCA 个案研究中，都需要一些基本的编目分析数据，例如与能源、运输和基础材料相关的编目数据，而这方面的工作量十分巨大。不断积累评估数据，并将这些数据建成数据库，在 LCA 研究中是非常重要的工作。目前，世界上有十多个著名的 LCA 数据库，是由不同国家、组织或研究机构建立的，这些数据库在 LCA 研究中发挥着重要作用。

日本于 1995 年成立了 LCA 协会，由通商产业省支持，涉及 15 个主要的工业领域，已对一些典型材料进行了环境协调性评估。该协会从 1998 年开始在通产省资助下启动了国家的 LCA 计划。该项计划 5 年内投入 8.5 亿日元，有 23 家主要工业企业协会、公司和政府研究机构以及大学的参与，旨在建立适合日本国情的材料环境负荷评价方法、LCA 数据库和实用的网络系统，以指导和推进全日本材料及其制品产业的环境协调化发展。

德国的环境、能源与气候研究所利用物质流分析的方法研究了某些国家、地区以及典型材料和产品如铝、建材、包装材料等的物质流动和由此产生助环境负荷，用于指导工业经济材料及产品生产的环境协调发展。

世界各国和国际组织将 LCA 方法用于国家制定公共政策、法规和刺激市场等方面，最为普遍的是用于环境标志或生态标志标准的确定。奥地利、加拿大、法国、德国、北欧国家、荷兰、美国等许多国家和欧盟、世界经济与合作组织、国际标准化组织等国际组织都将 LCA 作为制定标志或标准助方法。

美国总统克林顿签发的《联邦采购、循环和废物防治建议（12873 决议）》要求环境保护局颁布和执行"政府机构必须采购环境更优产品或服务"的指南，其中环境更优产品或服务的确定，就采用 LCA 方法。美国国防部已把生命周期环境成本结合到采购决策中。美国环保局在"清洁水法"中使用 LCA 来完善工业洗涤污水指南；在《空气清洁法修正案》中使用生命周期理论来评价材料清洁方案；能源部用 LCA 来检查托管电车使用的效应和评价不同能源方案的环境影响。

在欧洲，LCA 已用于欧盟制定的《包装和包装法》，比利时政府 1993 年作出规定，根据环境负荷大小对包装和产品征税，其中环境负荷的确定就是采用 LLA 方法。丹麦政府用 3 年的时间对 10 种类型产品进行了 LCA 评价。英国、法国、荷兰的一些公司，分别开发了 LCA 评估计算机软件和相关的数据库，如英国钢铁公司采用 LCA 方法对生产系统进行环境负荷评估，指导环境协调性改造。

国际上生态环境材料的研究，已不局限于理论上的研究，众多的材料科学工作者在研究具有净化环境、防止污染、替代有害物质、减少废弃物、利用自然能源和材料的再生资源化等方面，做了大量的工作，并取得了重要进展。

环境协调设计和环境协调制造在市场和绿色购买的压力下受到影响，日本在 1996 年成立的绿色购买网，有 1910 家主要公司、228 个地方政府和 179 个环境和消费组织参加，其中还包括日本环境协会和环境机构的协调专家。国际上的一些著名公司都在实施相应的研究发展计划：如 IBM 公司的"环境设计计划"，道化学公司的"减少废弃计划"等。一些国际知名的大企业像日本的佳能、东芝、日立、富士、索尼，德国的西门子、AEG、BASF 等从产品和技术的开发等角度一直关注生态效率和资源环境效率，使其开发的新产品不仅具有经济效益，还要具有环境效益，以保持未来的市场竞争。

总部设在日内瓦的零排放研究组织经过研究和实践，认为在生产过程中实施零排放是提高资源效率、改善环境污染的有效措施之一，特别是对材料的再生产，将所有原料充分利用，达到零废物、零排放，是四倍因子或十倍因子理论的具体实践。该组织已在全世界几十个国家实施了 40 多个研究和示范项目，证明零排放在技术上是可以实现的。

在钢铁产业中，直接还原铁工艺与高炉炼铁工艺相比，原料种类比较简单，只用铁矿石、煤和石灰石三种物料，省去了高炉炼铁工艺中的烧结、焦化工序，缩短了炼铁生产工艺流程，大大降低了生产过程中的环境负荷。短加工流程的开发应用，极大地降低了生产过程中的能耗。在生态建材中，已发展了多种无毒、无污染的建筑涂料，如水溶性涂料、粉末涂料、无溶剂涂料等。有一种用于卫生陶瓷表面的涂层材料，不但具有普通陶瓷表面釉质的一般性能（如耐磨、光亮），还具有杀菌、防霉的作用。在水泥工业中，环境协调性设计也具有广泛的应用前景。例如，利用可燃废料（包括废轮胎、废塑料等）替代部分煤来燃烧，不但可以显著降低水泥生产能耗，而且起到了防止污染、保护环境的作用。目前，具有广泛应用前景的绿色高性能混凝土，不但更多地节省了水泥熟料，同时，因能更多地掺加以工业废渣为主的活性细掺料，从而使材料更大地发挥高性能优势，减少水泥和混凝土的用量。此外，保护生态资源材料、环境净化材料、环境修复材料、环境降解材料等也都在大力研究开发之中。

随着信息技术的发展，电磁波对人类生存环境的污染越来越受到关注。为了减少电磁波对人体的辐射污染，大量的研究集中在开发有效的屏蔽措施方面。目前，电磁波防护材料主要有两类：一类是吸波材料；另一类是反射材料。在防治城市汽车尾气污染方面，汽车尾气净化材料的开发也已成为热点。

总之，生态环境材料的以下几点已为世界公认：①材料的环境性能将成为21 世纪新材料的一个基本性能。②在 21 世纪，结合 ISO 14000 标准，用 LCA方法评价材料产业的资源和能源消耗、三废排放等将成为一项常规的评价方法。③结合资源保护、资源综合利用，对不可再生资源的替代和再生资源化研究将成为材料产业的一大热门。④各种生态环境材料及其产品的开发将成为材料产业发展的方向。

生态环境材料作为一门新兴的交叉学科，在保持资源平衡、能量平衡和环境平衡，实现社会和经济的可持续发展，将环境性能研究融入下一世纪所有的新材料开发，完善材料环境协调性评价的理论体系，开发各种环境相容性新材料及绿色产品，研究降低材料环境负荷的新工艺、新技术和新方法等方面将成为 21 世纪材料科学与技术发展的主导方向。

4. 材料的生态设计、可循环再生设计、产品可拆卸设计

材料在设计阶段就对材料整个生命周期进行综合考虑，即减少原料使用量，尽可能使用可再生原料，尽可能使用再生原料，生产和使用过程能耗低，使用后易于回收、再利用，使用安全、寿命长。ISO 14021 – 99 环境标志和环境宣言对"可拆卸设计"定义为"产品设计的一种特性，可使该产品在其有效寿命终结时以一种允许其零部件再使用、再循环、能量回收，或以某种方式由废物流转移的方式进行拆除"。

（1）材料的清洁生产。

清洁生产是生态材料在工业生产中的具体落实。在生产过程中将综合预防的环境策略贯彻其中，减少对人类和环境的危害。清洁生产包括节约原材料和能源，消除有毒原材料，使用再生原料，生产过程排放物和废弃物尽可能减少其数量和毒性，并减少材料的整个生命周期对环境的危害。

（2）生态材料物质流和能流循环再生及相关技术。

由于资源的有限性和环境容量的有限性，21 世纪的材料应当是可循环再生的。包括以下两个方面：①开路技术。以可再生资源为主的循环技术和人工模拟技术，例如生物合成，天然材料复合技术，恒定性资源的利用。②闭路技术。以不可再生资源为主循环技术，包括可再生材料设计，回收技术，代用技术等。

（3）传统材料的生态化及其相关技术。

传统材料在现代国民经济中占有主要地位，是现代文明的基础，处于大量生产和消费中，长期以来由于人们认识的滞后，造成生态环境恶化，所以如何降低环境负载，无疑是重要的研究课题。生态化及其技术包括如下几点：①采用新工艺、新技术，提高资源、能源效率。②提高材料寿命有关技术，ISO 14021 – 99 环境标志和环境宣言对"寿命延长的产品"定义为"根据寿命提高或某种质量改进的特征，使资源使用减少或废弃物减少而延长使用时间的产品"。提高材料寿命无疑也是延长材料的生命周期，材料寿命与资源使用量和废弃物排放量存在内在联系，材料寿命与固体废弃物排放总量成反比，资源消耗和其他废弃物排放也是同样道理，所以研究提高材料使用寿命是材料生态化

的重要课题。③生产过程尽可能使用循环再生材料技术，ISO 14021 - 99 环境标志和环境宣言对"再循环材料"定义为"通过一个制造过程由回收的材料加工而成并制成最终产品或构成一种产品的一部分的材料"。对"回收的材料"定义为"本来会当做废弃物处理，或用于能量回收的，但没有这样做，而是作为一种材料输入被收集起来和回收，代替新的主要材料，用于再循环或制造过程的材料"。使用循环再生材料是多种废弃物预防策略之一，使用循环再生材料也应考虑对材料质量的内在联系。④生产过程无三废排放的技术。⑤使用容易后处理的代用材料技术。⑥尽可能减少材料生命周期各阶段排放的废弃物技术。⑦材料生命周期各阶段排放的废弃物能得到有效利用技术。⑧材料能够重新使用技术，即回收材料经过简单处理可以重新使用，例如某些包装、部件，是材料生态化最佳方式之一，但非无限制循环，因为与材料寿命和质量存在内在联系。

（4）新型生态材料及其相关技术。

材料的再生循环并不是达到环境负载低的唯一途径，所以新型材料也应当包括可循环再生以外的降低环境负载的贡献材料和技术，如前述广义生态材料中的系统因素型、直接处理型生态材料。新型生态材料及相关技术如下：①环境修复和净化材料；②根据环境和使用条件变化，自我调整，自行恢复和修复，延长寿命的智能材料；③超导材料，导电性是铜丝的 1200 倍，没有电阻，无疑节省了大量资源和能源；④纳米技术和材料，纳米技术的发展，通过精确地控制原子或分子来生产产品，将实现清洁生产，不产生废物和副产品，可实现产品高强度、长寿命，可使产品小型化、省能、省资源；⑤仿生材料是生态材料研究方向之一，天然材料经过亿万年演变进化，形成奇妙多彩的功能原理和作用机制，能够和谐地存在于生态系统中，所以具有天然的生态合理性，仿生材料就是从天然材料寻求启迪和模拟制造出新型生态材料。

二、资源材料及其环境影响

1. 金属资源材料

金属在当今人类使用的材料中仍占主导地位。世界钢产量在 2000 年达 8.43 亿 t，我国达 1.28 亿 t，居世界第一；目前世界上铝、铜、锌、铅、镍、镁、钛、锡、锑、汞等 10 种常用有色金属的年总产量为 5500 万 t，我国为 775 万 t，居世界第二位，其中铝 289 万 t，铜 137 万 t，锌 195 万 t，铅 105 万 t。

各种有色金属材料有其自身独特的性能和功能，其用途各异，有色金属所组成的各类合金、品种、数量令人眼花缭乱，它深入到几乎所有领域，成为不可缺少的材料。例如：铝及铝合金是一类需求量大、应用面广的基础材料，是非常重要的战略金属，广泛用于航空、航天、交通运输、建筑、电力、电子等行业，在国民经济和国防建设中具有十分重要甚至不可替代的作用。航空、航天器结构的 50% ~70% 是铝材；为节约能源和提高效率，汽车和列车等运载工具的轻量化和高速化更离不开高性能铝合金；轻量化是提高武器装备作战性能的主要方向，轻质高强铝合金是不可缺少的结构材料。铜及铜合金由于优异的导电、导热性和出众的抗蚀性及易加工性，而使之保持为最有商业价值的金属材料之一，广泛用于电力行业，热交换领域，以至装饰艺术领域，其他有色金属不一一赘述。

但由于有色金属在地球上是以非常分散的形式存在，有色金属原矿品位普遍很低。例如，在地球上最丰富的铜矿，其含铜量仅 3% 左右，一般含铜 1% 以上已被认为是富矿了，也就是说世界年产 1100 万 t 以上的铜，其挖矿土的量在 10 亿 t 以上。为了从中得到铜，人们必须使用大量化学药品，消耗掉很大的能量，扔掉近 10 亿 t 的废矿土并堆集起来。有色金属在整个采、选、冶、加工过程中消耗大量的资源、能源、药品，排放出大量有害气体、液体、固体，是一个高消耗重污染的行业。据统计 1996 年世界有色金属材料产业排放的工业废水达 49589 万 t，工业废气 7180 亿标 m^3，固体废物产生量达 60000 万 t。

我国 10 种有色金属，1996 年的产量为 523 万 t，同年消耗能源 3102 万 t 标准煤，废水排放量达 27118 万 t，二氧化硫排放量 57.42 万 t，固体废弃物产生量 7310 万 t，氟化物排放量 6278t，粉尘排放量 8.2 万 t，其中每吨有色金属的废水排放量为世界平均水平的 5 倍左右。矿山开采对生态环境破坏很严重，而矿山的复垦率都很低，目前我国有色金属矿山的复垦率不到 7%，国外一般在 50% 以上。综上所述，金属材料仍是当今最重要的工程材料，在 21 世纪它对人类生活的重要性和贡献是毋庸置疑的。

2. 无机非金属资源材料

无机非金属材料也简称无机材料，是以某些元素的氧化物、碳化物、氮化物、卤素化合物、硼化物以及硅酸盐、铝酸盐、磷酸盐、硼酸盐等物质组成的材料，是除高分子材料和金属材料以外的所有材料的统称。无机非金属材料是20 世纪 40 年代后，随着现代科学技术的发展从传统的硅酸盐材料演变而来的，已与高分子材料和金属材料并列为经济建设中的三大材料。在晶体结构上无机非金属材料的元素结合力主要为离子键、共价键或离子—共价混合键。这些化学键的特点是高的键能、键强，它们赋予这一大类材料以高熔点、高硬度、耐腐蚀、耐磨损、高强度和良好的抗氧化性等基本属性，以及宽广的导电性、铁磁性和压电性。由于组成和结构的特点，使无机非金属材料性能具有多样性，用途广泛。总而言之，无机非金属材料生产量和使用量最大，在国民经济和高新技术领域占有重要地位。它在制备过程中一般要经过高温过程，是能源消耗大户。对无机非金属材料进行生态化改造，开发低能耗、少污染的材料技术，对于环境保护十分有意义，也是生态环境材料研究的重要内容。

通常把无机非金属材料分为普通的（传统的）和先进的（新型的）无机非金属材料两大类。传统无机非金属材料是工业和基本建设所必需的基础材料，如水泥是一种重要的建筑材料，耐火材料与高温技术，尤其是钢铁工业的发展关系密切，各种玻璃以及日用陶瓷、卫生陶瓷、建筑陶瓷、化工陶瓷和电瓷等，生产历史长，产量大，用途广。其他产品，如搪瓷、碳素材料、非金属矿也都属于传统无机非金属材料。

新型无机非金属材料是指 20 世纪中期以后发展起来的，具有特殊性能和用途的材料，主要包括先进陶瓷、非晶态材料、人工晶体、无机涂层、无机纤维等。它们是现代新技术、新兴产业和传统工业技术改造的物质基础，也是发展现代国防和生物医学所不可缺少的。

3. 生物资源材料

目前，全球一年大约生产 2 亿 t 高分子材料，各种塑料、橡胶和合成纤维的广泛应用对世界经济已产生巨大影响。高分子科学是一门年轻的学科，但高分子材料已对人类的生存、健康与发展做出了重大贡献，预计其产品还将成倍增加。然而，面对不可再生石油资源的枯竭和非降解塑料引起环境日益恶化的今天，21 世纪将逐渐走向脱离石油资源而立足于可再生资源的"新高分子化学"体系。利用可再生资源代替广泛使用的石油是保护环境的一个长远的发展方向。在地球上，太阳是能量流动的源泉，绿色植物利用太阳能进行光合作用，提供的生物量每年约有 1550 亿 t 干重物质，可固定 5000 亿 t 有机碳，它是石油、煤炭、天然气总量的 20 倍。在自然界中可再生资源最为丰富，能年复一年地繁衍生息，具有很强的再生性，其实质就是太阳能的转化与利用。纤维素、甲壳素、淀粉以及植物蛋白质等是地球上最巨大的再生资源高分子。从资源的可持续利用、保护环境和生物体系亲和性与生物分解性特点出发，人们对于可再生的天然素材的利用寄托了新的期望，由此以可再生资源高分子为原料合成环境友好材料的研究与开发日益引人注目。可以相信，不久的将来可再生资源将成为主要化工原料，人类社会的经济发展也将从必然王国走向自由王国。

4. 高分子材料对环境的影响

高分子材料的大量生产与消费，创造了人类的物质文明和精神文明，但同时也带来大量废弃物的产生，世界每年产生的塑料废弃物约是其产量的60% ~ 70%，橡胶废弃物约是其产量的40%，我国每年的橡胶废弃物和塑料废弃物共计约700万 t。这些高分子材料废弃物带来三方面的严重问题：①绝大部分不能自然降解、水解和风化，即使是淀粉、聚合物共混物的降解制品要降解到对生态环境无害化的程度，至少也需要50年。特别是年复一年残留于耕地的农膜和地膜不仅造成土地板结、妨碍作物根系呼吸和吸收养分、使作物减产，而且残膜中的某些有毒添加剂和聚氯乙烯，会先通过土壤富集于蔬菜和粮食及动物体，人食用后直接影响人类健康。②一般高分子材料废弃物在紫外线作用或液体溶解或燃烧时，排放出的CO、氯乙烯单体（VCM）、HCl、甲烷、SO_2、烃类、芳烃、碱性及含油污泥、粉尘等，污染着河流和空气，严重地威胁着人类的生存环境。③制造高分子材料用原材料的70%以上来源于石油，以生产 1kg 高分子材料平均消耗3L石油估算，年产700万 t 高分子材料废弃物意味着每年浪费了21亿 L 石油。因此，进行有机高分子材料生态设计与再生利用是人类生存环境的需要，也具有重要政治和经济意义。

5. 材料的环境污染控制

关于环境工程材料，一般指在防止、治理环境污染过程中所用到的一些材料。针对积累下来的污染问题，开发门类齐全的环境工程材料，对环境进行修复、净化或替代等处理，逐渐改善地球的生态环境，使之朝可持续发展方向前进，是生态环境材料应用研究的一个重要方面。

常见的环境净化材料有大气污染控制材料、水污染控制材料、固体污染控制材料以及其他污染控制材料等。大气污染控制材料一般有吸附、吸收和催化转化材料。水污染控制材料有沉淀、中和，以及氧化还原材料。其他的环境净化材料有过滤、分离、杀菌、消毒材料等。另外，还有减少噪声污染的防噪、吸声材料，以及减少电磁波污染的防护材料等。

环境修复指对已破坏的环境进行生态化治理，恢复被破坏的生态环境。常见的环境修复材料有防止土壤沙化的固沙植被材料，二氧化碳固化材料以及臭氧层修复材料等。

常见的环境替代材料有替代氟利昂的制冷剂材料，工业和民用的无磷化学品材料，工业石棉替代材料，以及其他有害物如水银等替代材料。还有那些环境负荷较大的建筑材料，如铝门窗替代材料等。另外，用竹、木等天然材料替代那些环境负荷较大的结构材料事实上也属于环境替代材料的一类。

6. 资源、环境、材料及其相互关系

21 世纪是可持续发展的世纪，社会、经济的可持续发展要求以自然为基础，与环境承载能力相协调。认识资源、环境与材料的关系，开展材料流分析及相关理论的研究，从而实现材料科学与技术的可持续发展是历史发展的必然，也是材料科学的进步。对材料科学工作者来说，有效地利用有限的资源，减少材料对环境的负荷，在材料的生产、使用和废弃过程中保持资源平衡，是一项义不容辞的责任。由于在材料的加工、制备、使用及废弃过程中对生态环境造成很大的破坏，使全球环境污染问题变得日益严峻，加重了地球的负担。因此，对材料的生产和使用而言，资源消耗是源头，环境污染是末后，材料的生产和使用与资源和环境有着密不可分的关系。

（1）全球资源状况。

在一般意义上，资源是指人类可以直接从自然界获得并用于生产和生活的物质。显然，资源是自然环境的重要组成部分，故通常又称为自然资源。

自然资源通常可以分为三大类：第一类称为取之不尽的资源，如空气、风、太阳能等；第二类称为可再生的资源，如生物体、水、土壤等；第三类称为非再生资源，如矿物、化石燃料等。显然，从生态环境的角度讨论资源短缺，主要指非再生资源的储量、供应与人类需求的矛盾。自然资源是国民经济发展不可缺少的基础，也是社会财富的来源。资源的丰度和组合状况，在很大程度上决定了一个国家或地区的产业结构和经济优势，特别是在经济技术发展水平不同，主要以劳动密集型和资源密集型为主的地区，资源状况对国民经济和社会发展的影响更为突出。

早在 1972 年，当发达国家还处于高增长、高消费的"黄金时期"，由一些政治家、经济学家、科学家和教育家组成的"罗马俱乐部"就出版了《增长的极限》一书，指出有 5 个因素将影响世界未来的发展，即人口增长、粮食生产、资本投资、环境污染和资源枯竭。该书较早地指出了自然界的资源存量是有限的，它不能满足人类无止境的需求。

自第一次工业革命以来，人类通过对自然资源的开发利用，创造了前所未有的经济繁荣。进入 20 世纪以后，人口增长对资源的需求超过自然资源所能承载的极限，经济膨胀已造成了全球性的资源危机。非再生资源迅速耗减、越来越多的物种濒临灭绝、淡水资源不足、森林资源持续赤字、水土流失加剧，人类所面临的已是一个资源日益短缺的星球。

在非再生矿产资源方面，截至 20 世纪 90 年代初，全世界发现的矿产近 200 种。根据对 154 个国家主要矿产资源的探测，在对 43 种重要非能源矿产资源统计中，静态储量在 50 年内枯竭的有 16 种，如锰、铜、铅、锌、锡、汞、钒、金、银、硫、金刚石、石棉、石墨、石膏、重晶石、滑石等。

在水资源方面，淡水分布不均，贫水区和城市缺水日益严重。地球表面 70% 以上被水覆盖，其中 97.4% 的水是咸水不能被利用。淡水只占 2.59%，其中冰川、冰帽占 1.98%，地下水占 0.592%，湖泊、土壤水、生物水、大气水蒸气和河流加在一起占 0.014%。据计算，全球可利用的地表和地下水储量为 3.5×10^8 亿 m^3。在过去的 3 个世纪里，人类的淡水使用量增加了 35 倍。由于人口的持续增长，2000 年，全世界取水量由 20 世纪 80 年代末的 4.13 万亿 m^3 增加到 7 万亿 m^3，此时，全世界淡水人均占有量减少 20% 以上。

在土地、森林资源方面，土地自然退化现象日益严重，沙漠化范围不断扩大。全球能被人类支配的土地约有 1.4 亿 km^2，其中耕地 0.15 亿 km^2，天然草地 0.3 亿 km^2，森林 0.4 亿 km^2，城市、工矿等 0.049 亿 km^2，其他难以利用的土地如沙漠、沼泽、冰雪覆盖地等。世界人均耕地约 2800m^2，亚洲人均只有 1500m^2。全球可耕地的 82% 已投入耕作生产，土地荒漠化已影响到全球 8.5 亿人的生活。据计算，全球人均森林面积已由 1975 年的 0.007km^2 下降到 2000 年的 0.003km^2。每年约有 6.1 万 km^2 的热带雨林被滥伐，威胁到近 10 亿人口的生存，并严重影响了全球气候。

显然，资源作为一个全球问题，经历了一个逐步发展的历史过程。资源枯竭是近代工业化对自然资源无节制的过度消耗引起的，资源的枯竭使生活贫困化加剧，资源的不合理开发利用，导致了环境日益严重的恶化，影响了社会的可持续发展。目前，我国资源的主要矛盾表现在资源供给不能满足经济发展的需要。我国的经济规模已居世界前列，发展速度令世人瞩目，对资源的需求已达到前所未有的程度。另外，现有资源的利用效率不高，资源浪费严重。矿产资源的开发总回收率只有 30% ~ 50%，比发达国家平均低 20% 左右。每万元国民收入的能耗为 20.5t 标准煤，为发达国家的 10 倍。"高投入、低效率、高污染"的问题，在我国资源的开发和利用中仍然存在。因此，实现我国社会经济的可持续发展，提高资源的利用效率，解决资源的供需矛盾，是一个重要的课题。

（2）全球环境状况。

环境是人类周围一切物质、能量和信息的总和。环境污染的实质在于人类经济活动索取资源的速度超过了资源本身及其替代品的再生速度以及向环境排放废弃物的数量超过了环境本身的自净能力。对人类活动而言，环境一般有三个作用：首先，环境是各种生物生存的基本条件，为人类从事生产和生活提供物质基础；其次，环境对人类经济活动产生的废物进行消纳、稀释及转化，保证人类生产和生活过程的延续；再次，环境为人类的生产和生活提供舒适性的精神享受。一般经济越增长，对环境舒适性的要求就越高。

按照上述理解，环境污染问题古已有之，只是随着生产力的发展，各历史阶段的环境问题有所不同。近 40 年来，世界范围内的经济规模剧烈膨胀，对自然资源的消耗越来越大，由此排放的污染物也与日俱增，全球每年排入环境的工业废渣达 30 亿 t，各种污水 5000 亿 t。这些污染物进入环境后，最终以公害的形式给人类带来严重的灾难。例如，耗竭非再生资源存量、影响环境对废物的消纳容量、危害公众健康、引起资产损失和土地流失、破坏可提供舒适性的自然景观以及危及后代的生存和发展。

由于资源过度消耗、人口激增以及环境污染等影响，目前全球有十大环境问题，包括生物多样性日益减少、全球气候持续变暖、森林面积锐减、大气污染状况持续恶化、水体污染日趋严重、固态废弃物污染不断增加、酸雨蔓延、海洋污染日益严重、臭氧层不断被破坏、土地荒漠化趋势增加等。尽管发达国家的空气污染、水污染等环境问题得到了一定程度的治理，但并没从根本上解决经济发展过程中产生的各种环境污染，而且在一些环境污染得到改善的同时，另一些环境问题却变得日益突出，如工业废弃物、生活垃圾急剧增加。

总之，环境问题正变得复杂化、多层次和全球化，使得人类不得不对以往的发展模式进行反思和总结，努力寻找新的发展模式，在提高经济效益、改善人类生活的同时保护资源，维持全球范围的生态系统平衡，实现社会、经济的可持续发展。欧洲出现了罗马俱乐部等社会组织，他们提出的看法或观点并不是危言耸听的狂言。联合国于 1992 年 6 月召开了"环境与发展"的世界首脑会议，通过了《里约宣言》和《21 世纪议程》等重要文件，并一致承诺把走可持续发展的道路作为未来长期共同的发展战略。环境与发展是一个问题的两个方面，中国作为发展中国家，人口多，人均资源少，生态环境脆弱，发展水平低。在创造经济增长奇迹的同时，努力改善生态环境状况，寻求环境与社会、经济、人口相协调的可持续发展道路，具有重要的战略意义和现实意义。

（3）材料的生产和使用对资源和环境的影响。

材料是国民经济和社会发展的基础和先导，与能源、信息并列为现代高科技的三大支柱。随着世界经济的快速发展和人类生活水平的提高，对材料及其产品的需求日益增长。对我国这样一个人口大国，材料产业历来都被列入国民经济的基础性、关键性的支柱产业之一，受到国家政府的重视，得到了大力的发展。

中国的材料产业，包括钢铁、有色金属、化工、建材、纺织、机电等主要行业，新中国成立以来得到迅速的发展，成为支撑国民经济发展、国防现代化的基础产业，以及发展高新技术的支柱和关键。据统计，我国几种主要的原材料产量已连续几年位列世界前沿。从资源和环境的角度分析，在材料的采矿、提取、制备、生产加工、运输、使用和废弃的过程中，一方面，它推动着社会经济发展和人类文明进步；而另一方面，又耗费着大量的资源和能源，并排放出大量的废气、废水和废渣，污染着人类生存的环境。各种统计表明，从能源、资源消费的比重和造成环境污染的根源分析，材料及其制品制造业是造成能源短缺、资源过度消耗乃至枯竭的主要责任者之一。

尽管我国是一个材料生产和消费大国，由于资金、技术、管理等原因造成资源的不合理开发和利用，使资源效率低下，资源浪费严重。不合理的开采和浪费，更加剧了资源的短缺。据统计，我国的能源对单位 GNP 的产出率仅为世界平均水平的 $1/7$，表明我国的能源效率也亟待改善。目前，我国 90% 以上的能源和 80% 以上的工业原料都取自矿产资源，每年投入国民经济运转的矿物原料超过 50 亿 t。其中黑色金属冶炼，主要是炼钢炼铁，所消耗的能源占整个工业能耗的 $1/6$；其次，是非金属矿物制造，如水泥、瓷砖等，占整个工业能耗的 $1/7$。这些数据表明，材料产业是我国资源消耗、能源消耗的主要大户。提高材料产业的资源效率、能源效率对整个国民经济的影响都十分巨大。

资源、能源的过度消耗和效率低下，自然资源的不合理利用，造成工业废气、废水和固态废弃物的排放量急剧增加，加剧了环境恶化和生态失衡。可以说，材料产业是造成我国污染环境的主要责任者之一。以钢铁冶金生产为例，1 亿 t 钢铁的能耗占工业总能耗的 17.5%，居产业能耗之首；排放的废水占工业总排放量的14.1%，废气占工业总排放量的30%，为仅次于石油化工的第二污染大户。有色金属工业是以品位很低的矿产资源为对象进行提取、加工的产业，年产500万t的有色金属产品，所造成的以尾矿和废渣为主的工业固体废弃物每年超过6000万t，尾矿总库容达10亿m³。另外，有色金属生产过程中排放的二氧化硫、氯化氢、砷等废气，是有毒废气的主要源头之一。

与城镇建设高速发展相适应的我国建筑材料工业，自改革开放以来获得了惊人的大发展。据统计，以水泥、玻璃、陶瓷、黏土砖为主的传统材料的产量均居世界首位，其中1994年水泥年产量达4.9亿t，占世界总产量的31%。全国水泥工业平均粉尘、烟尘排放量达232kg/t，年排放量达98万t，是造成城镇严重污染的首要责任者。

通过以上数据分析，应当使我们清醒地认识到：一方面，材料产业为国民经济发展、国防建设和人民生活水平提高做出了巨大的贡献；但另一方面，材料产业又是资源、能源的主要消耗者和环境污染的主要责任者之一。因此，面对非再生资源和能源枯竭的威胁以及日益严重的环境污染，应当积极探索既保证材料性能、数量需求，又节约资源、能源并和环境协调的材料生产技术，制定材料可持续发展战略，开发资源和能源消耗少、使用性能好、可再生循环、对环境污染少的新材料、新工艺和新产品。

参考文献

［1］郑子樵，封孝信，方鹏飞. 新材料概论［M］. 长沙：中南大学出版社，2009.

［2］雷永泉，万群，石永康. 新能源材料［M］. 天津：天津大学出版社，2000.

［3］吴人洁. 复合材料［M］. 天津：天津大学出版社，2000.

［4］贡长生，张克立. 新型功能材料［M］. 北京：化学工业出版社，2001.

［5］郭卫红，汪济奎. 现代功能材料及其应用［M］. 北京：化学工业出版社，2002.

［6］李奇，陈光巨. 材料化学（第二版）［M］. 北京：高等教育出版社，2010.

［7］赵修建，蔡克峰. 新材料与现代文明［M］. 武汉：湖北教育出版社，2000.

［8］何开元. 功能材料导论［M］. 北京：冶金工业出版社，2000.

［9］张剑波. 环境材料导论［M］. 北京：北京大学出版社，2008.

［10］张仁元. 相变材料与相变储能技术［M］. 北京：科学出版社，2009.